Training Note
トレーニングノートα 生物基礎

JN084433

はじめに

　小さい頃，『なぜ，植物は緑色なのだろう？』『なぜ，鳥は空を飛べるのだろう？』といった疑問を もったことはありませんか？これらの疑問の答えにたどり着くための学問が**生物学**です。『生物基礎』 という科目は，その入り口にあたります。ここで習うことは発展科目の『生物』の導入となるだけで なく，自分の健康から自然環境のことなど多くのことに役立ちます。

　本書の問題は，基礎的なものを中心に少し考えさせる問題まで幅広く構成してあります。わからな いときは，飛ばしてどんどん次をやるのではなく，個々の問題ごとに，『**なぜか，どのようになるのか**』 と考えてみてください。生物の勉強が今までよりきっと楽しくなってきます。

編著者　大西　岳人

本書の特色

●生物基礎の学習内容を，要点を絞って掲載しています。
●1単元を2ページで構成しています。単元のはじめには，問題を解く上での重要事項を POINTS として解説しています。
●1問目は，図や表を用いた空所補充問題です。重要な図表を確認しましょう。

目　次

① 探究活動と顕微鏡を使った観察

解答▶別冊P.1

📝 POINTS

1 探究活動……日常生活の中で生じるさまざまな疑問を自分の力で解きあかす活動のこと。

```
疑問(課題)の発生
  ↓
情報収集, 予備調査
  ↓
仮説の設定 ←┐
  ↓        │
実験計画を立てる
  ↓        │
実験・観察   │
  ↓        │
実験結果の考察
  ↓
仮説の立証 | 仮説の否定
```

2 顕微鏡の使い方
① プレパラートの作成
 a. 固定…細胞を生きた状態に近いまま保存する。
 b. 染色…染色液を使い, 細胞小器官を見やすくする。核→酢酸カーミン, 酢酸オルセイン。

② **ミクロメーター**…細胞の大きさを測定できる。接眼ミクロメーターと対物ミクロメーターを組み合わせて使用する。

③ **顕微鏡の倍率**
 接眼レンズの倍率×対物レンズの倍率

3 さまざまな顕微鏡……顕微鏡により**分解能**(識別できる2点間の距離)が異なる。

① **光学顕微鏡**…分解能は, $0.2\,\mu m$ ($1\,\mu m = \frac{1}{1000}\,mm$)。

② **電子顕微鏡**…分解能は, 約 $0.1 \sim 0.2\,nm$ ($1\,nm = \frac{1}{1000}\,\mu m$)。光学顕微鏡で見えない大きさのもの(ウイルス, 原核生物など)を見ることができる。

□ **1** 次の図中の□の中に適当な語句を記入しなさい。

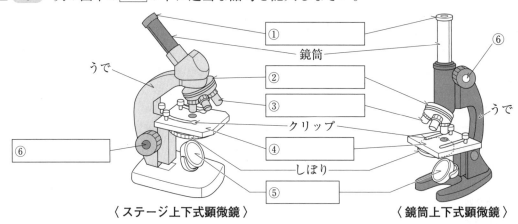

鏡筒 ① ② ③ ⑥
クリップ ④ しぼり ⑤ ⑥
うで

〈ステージ上下式顕微鏡〉 〈鏡筒上下式顕微鏡〉

□ **2** 探究活動における情報収集, 予備調査の方法を2つ書きなさい。
( )
( )

✔Check
↳ **2** 人に聞く, 図書館, インターネットで調べる, などがある。

□ **3** 顕微鏡の使い方について, 次の問いに答えなさい。
(1) 10倍の接眼レンズと10倍の対物レンズを使用したとき, 倍率は何倍になりますか。 ( )
(2) 細胞が動いて観察しにくいとき, 細胞を生きた状態に近いまま保存する方法を何といいますか。 ( )

↳ **3** 顕微鏡の倍率=接眼レンズの倍率×対物レンズの倍率

(3) 核を見やすくするために使用する染色液の名まえを１つ答え
なさい。　　　　　　　　　　（　　　　　　　　）

第1章　第2章　第3章　第4章　第5章

□ **4** 顕微鏡に接眼ミクロメーターを装着
し，対物ミクロメーターを見ると右図の
ように見えた。これについて，次の問い
に答えなさい。

対物ミクロメーターの目盛り

接眼ミクロメーターの目盛り

(1) このとき，接眼ミクロメーターの１
目盛りは，何 μm に相当しますか。
　　　　　　　　（　　　　　　　）

(2) 同じ倍率で，ある細胞を観察すると，接眼ミクロメーターの
７目盛り分の大きさであった。この細胞の大きさは何 μm ですか。
　　　　　　　　　　　　　　　　（　　　　　　　）

↳ **4** 対物ミクロメータ
ー１目盛りは **10 μm**
である。
　ある倍率での接眼
ミクロメーターの１
目盛りの大きさを知
るには，両方の目盛
りの一致した所の間
の目盛りの数を読み
とる。

□ **5** ヒトが肉眼で見分けられる２点間の距離は，0.1 mm 以上で
あるので，それ以下の大きさの物体を観察するには，顕微鏡の助
けが必要である。下の図は，0.1 nm から１cm までの長さを対数
目盛りで表し，２種類の顕微鏡によって観察可能な範囲を示して
いる。以下の問いに答えなさい。

```
ア            イ  ウ  エ      オカ
↓            ↓  ↓  ↓      ↓↓
├────────────────────────────────┤
0.1 nm 1 nm   10 nm  100 nm 1 μm  10 μm  100 μm 1 mm      1 cm
(1Å)
              （　a　）顕微鏡
         （　b　）顕微鏡            1 nm = 10⁻⁹ m
                                    1 μm = 10⁻⁶ m
```

1 nm = 10^{-9} m
1 μm = 10^{-6} m

(1) 下線のことを何といいますか。　　　（　　　　　　　）
(2) ①～⑥の大きさに対応するものを図中の**ア～カ**から選びなさい。
　① インフルエンザウイルス　　　　　　（　　　）
　② ヒトの卵⸤らん⸥　　　　　　　　　　　（　　　）
　③ 原子　　　　　　　　　　　　　　　（　　　）
　④ ヒトの赤血球　　　　　　　　　　　（　　　）
　⑤ ゾウリムシの長径　　　　　　　　　（　　　）
　⑥ ブドウ球菌　　　　　　　　　　　　（　　　）
(3) 図中の　　　の範囲の大きさの物体を観察するのに用いる**a**と
bの顕微鏡の名称をそれぞれ答えなさい。
　　　　　　a（　　　　　）b（　　　　　）〔日本女子大一改〕

↳ **5** (2)大きさの小さい
順に並べてみる。
(3)ふだん使っている
顕微鏡は光学顕微鏡
で，大学など，施設
が整っている所には，
電子顕微鏡がある。

② 生物の共通性

解答 ▶ 別冊P.1

🖊 POINTS

1 細胞の構造の共通性

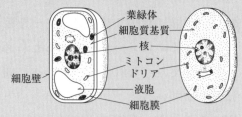

〈植物細胞〉　〈動物細胞〉

① **核**…細胞内にふつう1個ある。
- a. **染色体**…DNAとタンパク質からできている。
- b. **核膜**…核を包む膜。核膜孔(核孔)という多数の穴がある。

② **細胞質**…細胞内の核以外の部分をいう。細胞小器官(特定のはたらきをもつ構造体)がある。
- a. **ミトコンドリア**…棒状・粒状の小体で,細胞の呼吸に関わる。ひだ状の内膜と外膜からなる。
- b. **液胞**…よく成長した植物細胞で発達。液胞膜に包まれ,内部は細胞液で満たされている。
- c. **葉緑体**…緑色の色素であるクロロフィルを含む。光合成の場。
- d. **細胞質基質**…細胞小器官の間を満たす液体。さまざまな酵素を含む。

③ **細胞膜**…細胞を包む薄い脂質の膜で,物質の出入りに関与。

④ **細胞壁**…原核細胞や植物細胞の外側のじょうぶな膜。植物細胞の細胞壁はセルロースという多糖類が主成分。

□ **1** 次の図中の □ の中に適当な語句を記入しなさい。

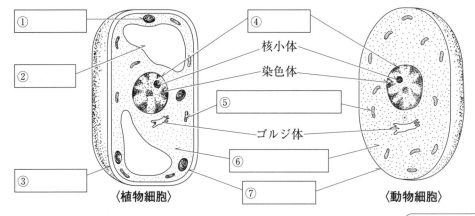

核小体
染色体
ゴルジ体

〈植物細胞〉　〈動物細胞〉

□ **2** 次の問いに答えなさい。

(1) ①〜⑤は,細胞の構造について述べたものである。それぞれの名称を( )に記入しなさい。

① 粒状または棒状で,内外二重の膜をもち,内膜は内側に飛び出したひだ状の構造をしている。( )

② 緑色の小粒で,内部に袋状の構造をもつ。( )

③ 細胞の内と外のしきりをなす半透膜である。( )

✔ Check

↪ **2** (1)ミトコンドリアや葉緑体,核膜は二重膜構造をもっている。

　細胞壁はじょうぶな外壁で細胞の形を保持する,**全透性の膜**である。

　細胞膜は物質の出入りを調節する。

④ セルロースなどが主成分の膜である。　（　　　　）

⑤ 二重の膜により包まれた球状の構造で，通常は細胞に1個ずつある。　（　　　　）

(2) (1)の①〜⑤の構造のはたらきを次の**ア〜オ**から選びなさい。

ア 細胞外へ Na^+ を運び出す能動輸送が行われる。

イ 植物体のからだを支える。

ウ 酸素をとり込み，ATP を生成する。

エ 遺伝子を含み，遺伝情報を伝える。

オ 光エネルギーをとり込み，炭水化物の生成を行う。

①（　　　）②（　　　）③（　　　）

④（　　　）⑤（　　　）

(3) (1)の①〜⑤の構造の中で，通常，植物細胞で見られるが，動物細胞では見られないものを2つ選びなさい。

（　　　）（　　　）

□ **3** 次の文を読んで，あとの問いに答えなさい。

生物は細胞から構成されている。図1および図2は，一般的な動物細胞または植物細胞を構成する成分の質量比を示し

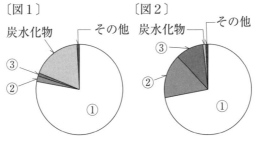

〔図1〕　炭水化物　その他　③ ② ①

〔図2〕　炭水化物　その他　③ ② ①

ている。細胞を構成する成分のうち，（　①　）が最も多く，細胞の質量の70％近くを占める。その他には，（　②　），（　③　），炭水化物などが含まれる。

(1) 文中と図の①〜③にあてはまる語句を次から選びなさい。

〔語句〕　核酸　脂質　タンパク質　水

①（　　　）②（　　　）③（　　　）

(2) 動物細胞は図1，図2のどちらですか。　（　　　　）

(3) 動物細胞と植物細胞では，細胞を構成する成分のうち，炭水化物の割合が大きく異なっているのはなぜか，考えられる理由を記入しなさい。

（　　　　　　　　　　　　　　　　　　　　　　　　　）

〔立教大一改〕

(2)葉緑体は，光合成の場であり，ミトコンドリアは呼吸の場である。

↳ **3** 細胞の大部分を占めるのは液体の細胞質基質で，細胞の中でさまざまな機能を果たす主な成分はタンパク質である。

細胞や細胞内の構造は脂質の膜で覆われている。

③ 生物の多様性

解答▶別冊P.2

📝 POINTS

1 細胞の多様性

① **原核生物(原核細胞)**…大腸菌やユレモの細胞には，核膜で包まれた核はなく，細胞質中に染色体が見られる。細胞の大きさは真核生物より小さい。

② **真核生物(真核細胞)**…核膜で覆われた核内に染色体があり，細胞質と区別される。

2 生物の構造の多様性

① **単細胞生物**…個体が細胞1個で形成されているもの。または，その細胞がくっついたもの。

② **細胞群体**…細胞1個で個体を形成しているが，いくつかの細胞どうしが連絡をとり，1つの個体のように行動しているもの。

③ **多細胞生物**…特定の機能を有する**分化**した細胞をもち，**組織**や**器官**を形成している。

細胞 構造体	原核 細胞	真核細胞	
		動物	植物
DNA	＋	＋	＋
細胞膜	＋	＋	＋
細胞壁	＋	－	＋
核(核膜)	－	＋	＋
ミトコンドリア	－	＋	＋
葉緑体	－	－	＋

(＋は存在する。－は存在しない。)

3 細胞の発見と細胞説

① **細胞の発見**…ロバート＝フックは自作の顕微鏡を用いてコルク片を観察し，細胞を発見した(1665年)。

② **細胞説**…「生物の構造・機能の基本単位は細胞である。」という説。植物細胞→シュライデン，動物細胞→シュワン

□ **1** 次の図中の □ の中に適当な数字を記入しなさい。

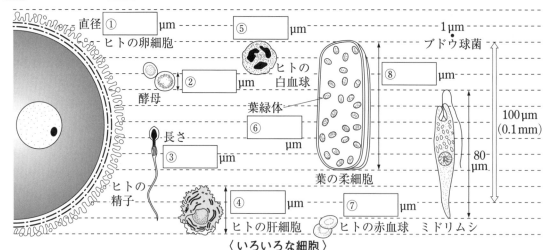

〈いろいろな細胞〉

直径 ① □ μm ヒトの卵細胞
② □ μm 酵母
長さ ③ □ μm ヒトの精子
④ □ μm ヒトの肝細胞
⑤ □ μm
ヒトの白血球
葉緑体
⑥ □ μm 葉の柔細胞
⑦ □ μm ヒトの赤血球
1μm ブドウ球菌
⑧ □ μm
100μm(0.1mm)
80μm
ミドリムシ

□ **2** 次の文の( )に適する語句を答えなさい。

(1) 大腸菌やユレモは，はっきりとした核をもたない(①) 細胞からなる(②)生物である。
細胞内に核をもつ細胞は，(③)細胞とよばれ，(③)細胞からなる生物を(④)生物という。

✓Check

↳ **2** 大腸菌，ユレモ(シアノバクテリアの一種)は細菌に分類される。

また, (⑤　　　　) 細胞は, 核だけでなく (⑥

　　　　) や葉緑体, 小胞体などの細胞小器官も存在しない。

(2) それぞれの細胞が決まった形と機能を備えるように変化する

現象を (①　　　　) という。例えば, 骨髄の赤芽球(赤芽細胞)

は, 核が退化したり, ヘモグロビンが生成されたりすることに

よって (②　　　　) に (①) する。

□ **3** 次の文の①～⑥の( )に適する語句を答えなさい。

アメーバやゾウリムシは個体が1個の細胞からできているので

(①　　　　　　) とよばれる。これに対し, 多数の細胞から

できている生物を (②　　　　　　) という。(①) の中には,

細胞どうしがある程度連絡をとり, 調和のとれた行動をする生物

があり, (③　　　　　　) という。(②) の細胞は, 形やはた

らきの違う細胞に (④　　　　) していて, 同じ種類の細胞が集

まり (⑤　　　　) をつくり, あるはたらきのためにいろいろな

細胞や (⑤) が集まって (⑥　　　　　) をつくっている。

↳ **3** 個体は器官に分けられ, さらに組織, 細胞と細かく分けられる。

□ **4** 次の文の①～⑤の( )に適する語句を答えなさい。

1665 年にイギリスの (①　　　　　　　　　　) が観察したコ

ルクには, 多数の小さな部屋が並んでいた。彼が実際に見たも

のは (②　　　　　) にすぎなかったが, これが最初の細胞の発

見であった。その後, 約2世紀を経て, 1838 年にはドイツの (③

　　　　) が植物で, その翌年にはドイツの (④

　　　　) が動物での研究発表により, 『すべての生物は細胞から

なる』という (⑤　　　　　) を唱えるにいたった。

↳ **4** フックは, 自作の顕微鏡でコルク片を観察し, 小さな部屋からできていることに気づき, その小部屋を **細胞(cell)** と名づけた。

□ **5** 次の(1)～(5)の文章について, 原核生物について述べたものに

は A, 真核生物について述べたものには B, 両方に共通するもの

には C, どちらにもあてはまらないものには D を記入しなさい。

(1) 細菌やシアノバクテリアはこの生物に属する。　(　　)

(2) 核膜に包まれた核が存在する。　　　　　　　(　　)

(3) タンパク質をもたない。　　　　　　　　　　(　　)

(4) DNA をもつ。　　　　　　　　　　　　　　(　　)

(5) タンパク質の製造工場としてのリボソームをもつ。(　　)

〔いわき明星大〕

↳ **5** **タンパク質** は生体内で酵素としてはたらいたり, 筋肉や組織の材料としてはたらいたりしている。
　DNA は染色体中に含まれている。

④ 代謝と酵素

解答▶別冊P.2

🖋 POINTS

1 代謝……生体内で起こるさまざまな化学反応をまとめて**代謝**という。

① **同化と異化**…代謝には単純な物質から複雑な物質を合成する**同化**と，複雑な物質を単純な物質に分解する**異化**がある。

② **独立栄養生物と従属栄養生物**…生体を構成する物質をすべて無機物から同化することができる生物を**独立栄養生物**といい，摂食などで得た有機物を利用する生物を**従属栄養生物**という。

2 酵素

① **酵素をつくっているもの**…酵素はタンパク質でできている。その他，ビタミン類などを必要とする酵素もある。タンパク質である酵素は熱を加えると，その構造

が変化（**変性**）して，本来の酵素のはたらきを失ってしまう（**失活**）。

② **酵素のはたらき**…化学反応を促進する物質は**触媒**とよばれており，酵素は**生体触媒**ともいう。酵素は特定の物質（**基質**）にしかはたらかない。これを酵素の**基質特異性**という。

③ **酵素のはたらきと外的条件**…化学反応は一般に温度が高いほど反応速度がはやいが，酵素には**最適温度**（ヒトの場合35〜45℃）がある。50〜70℃の高温になると，酵素本体のタンパク質が変性するので失活する。また，酵素の反応速度は液が酸性，中性，アルカリ性かによっても影響が出る。これを**最適pH**という。

□ **1** 次の図中の □ の中に関連する酵素を**ア〜カ**から選び，記入しなさい。

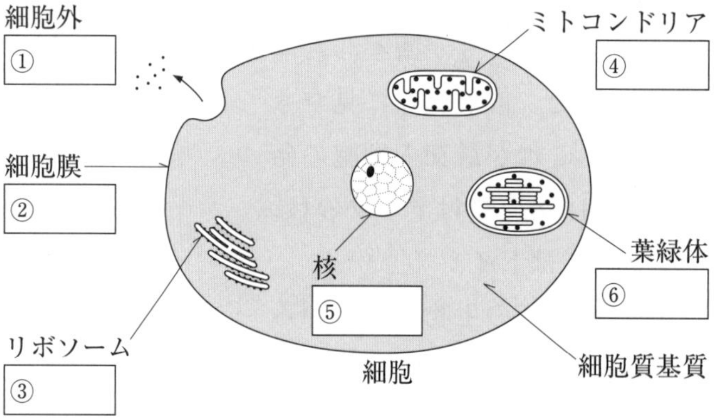

細胞外
①

ミトコンドリア
④

細胞膜
②

核
⑤

リボソーム
③

細胞

葉緑体
⑥

細胞質基質

ア 消化に関係する酵素。

イ DNA の複製，RNA の合成に関係する酵素。

ウ 細胞呼吸に関係する酵素。

エ 能動輸送に関係する酵素。

オ タンパク質の合成に関係する酵素。

カ 光合成に関係する酵素。

✅ Check

↳ **2** 光合成は**同化**の一種である。

□ **2** 多くの植物は二酸化炭素を空気中から，水や無機物を土壌から吸収し，光エネルギーを用いて無機物から生体内のすべての有機物を合成（光合成）して増殖する。次の問いに答えなさい。

(1) 下線部の光合成は異化，同化のどちらですか。（　　　　）

(2) このような生物を何といいますか。（　　　　　　　　）

□ **3** 次の文の①〜④の（　）に適する語句を答えなさい。

（①　　　　　）は化学反応を促進するが，それ自身は変化しな

い物質である。（②　　　　　）は（①）のはたらきをもったタンパク質である。タンパク質は，熱などによって（③　　　　　）し，もとの性質と異なる性質になってしまう。また，化学反応は一般的に，温度が高いほどはやくなるが，酵素は特定の範囲内の温度でよくはたらく。これを酵素の（④　　　　　）という。

3 酵素の反応速度が大きくなる温度は決まっているため，体温は一定に保たれるようになっている。

☐ **4** 右の図の酵素による反応速度と温度の関係について，次の問いに答えなさい。

(1) 図中の **A** 点を何といいますか。　　　　（　　　　　）

(2) ふつう **A** の温度は何度くらいか，選びなさい。　（　　　　　）

　ア　20℃　　イ　40℃　　ウ　60℃　　エ　80℃

(3) **A** の温度を超えると反応速度は低下している。その理由として適当なものを下から選びなさい。　　　（　　　　　）

　ア　**A** の温度を超えると化学反応のもとの物質が変性するため。

　イ　**A** の温度を超えると酵素が変性するため。

　ウ　**A** の温度を超えると化学反応でできた物質が変性するため。

反応速度

0　　　　　A

温度

4 酵素は**タンパク質**でできているので A 点はタンパク質の変性を起こす温度より低い温度である。

☐ **5** 過酸化水素（H_2O_2）を分解するカタラーゼという酵素について調べるため，**A**～**E** の実験を行った。その結果，**A** は盛んに酸素が発生したが，他は発生しなかった。あとの問いに答えなさい。

A 3％過酸化水素水5 mL に肝臓片を入れる。

B 3％過酸化水素水5 mL に加熱した肝臓片を入れる。

C 3％過酸化水素水5 mL に 10％塩酸2 mL と肝臓片を入れる。

D 3％過酸化水素水5 mL に 10％水酸化ナトリウム2 mL と肝臓片を入れる。

E 水5 mL に肝臓片を入れる。

(1) （　）内に化学式を入れ，実験 **A** で起こる反応式を完成させなさい。

$2H_2O_2 \longrightarrow$ （　　　　　）$+O_2$

(2) 実験 **B**～**E** で酸素が発生しなかったのはなぜか，説明しなさい。

　B（　　　　　　　　　　　　　　　　　　　）

　C（　　　　　　　　　　　　　　　　　　　）

　D（　　　　　　　　　　　　　　　　　　　）

　E（　　　　　　　　　　　　　　　　　　　）

5 過酸化水素はタンパク質や DNA に損傷を与えるので，すぐに分解できるようにカタラーゼは生体内に普遍的に存在する酵素である。
　以下の酵素の性質を考える。
・基質特異性
・最適温度（タンパク質の熱変性）
・最適 pH

⑤ エネルギーと代謝

📝 POINTS

1 細胞内のエネルギー

① **ATP**…アデノシン三リン酸(Adenosine Triphosphate)。アデニンという物質と,リボースという糖が結合したアデノシンに,リン酸が3つ結合した物質。細胞内でエネルギーをやりとりするときに,仲立ちとなる物質である。**高エネルギーリン酸結合**をもつ。

② **ADP**…アデノシン二リン酸(Adenosine Diphosphate)。アデニンという物質と,リボースという糖が結合したアデノシンに,リン酸が2つ結合した物質。

2 ATP の合成

① **ATP と光合成**…同化の中でも二酸化炭素をとり込み,エネルギーを用いて有機物を合成する過程を炭酸同化という。このとき,光エネルギーを用いて ATP を合成し,その ATP を用いて炭酸同化する一連の反応を**光合成**という。真核生物では,光合成は葉緑体内で行われる。

② **ATP と呼吸**…異化の中でも酸素を用いて,炭水化物,脂肪,タンパク質などの**呼吸基質**からエネルギーをとり出して ATP を合成する反応を**呼吸**という。呼吸の一連の反応は細胞質基質とミトコンドリアで進む。

3 ATP の用途

① **物質の合成**…光合成のような有機物の合成。
② **運動**…筋肉の収縮。
③ **発熱**…体温の維持。
④ **発光**…ホタルや深海の生物の生理現象。

□ **1** 次の図中の□□□の中に適当な語句を記入しなさい。

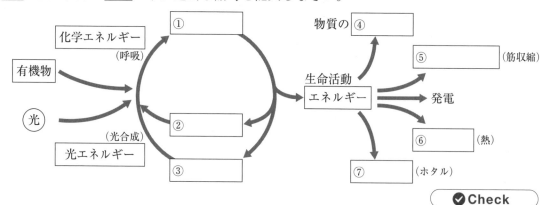

⭕**Check**

↳ **2** ATP ⇌ ADP ＋リン酸

□ **2** 次の文の①〜③の空欄に適する語句を答えなさい。

　生体内ではつねにさまざまな化学反応が起こっている。このとき,多くの反応にエネルギーが必要になる。ATP はこれらの反応のエネルギー源となる。ATP は分子内に高エネルギーリン酸結合をもち,この結合が切れるときに発生するエネルギーで他の化学反応を進ませる。結合が切れると,(① 　　　　)と(② 　　　　)に分解する。ATP は生体内に多量に存在するが,他の化学反応のために消費されると減る。生体内ではつねに化学反応が起こっているので,ATP が枯渇すると非常に危険である。

そこで（③　　　　　）によって呼吸基質（炭水化物など）からエネルギーをとり出し，（ ① ）と（ ② ）からATPを合成する。生物の体内に糖や脂肪が蓄えられるのは，エネルギー源であるATPが枯渇することのないようにするためである。

□ **3** 図はATPの構造を示している。①～③の部分の名称と④の結合の名称を答えなさい。

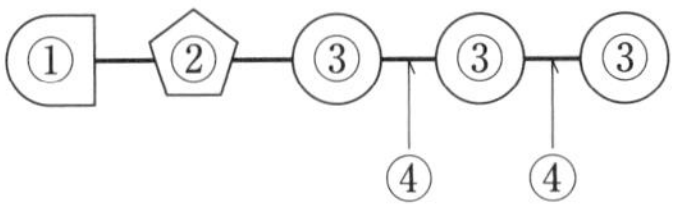

① 〔　　　　　　　　〕
② 〔　　　　　　　　〕
③ 〔　　　　　　　　〕
④ 〔　　　　　　　　　〕

↳ **3** ATPはリン酸とリボースという糖が隣り合っている。

□ **4** 次のうち，ATPのエネルギーを利用した反応ではないものはどれか。記号で答えなさい。　　　　　（　　　）

ア 筋肉の収縮
イ カタラーゼによる過酸化水素の分解
ウ ホタルの発光
エ 光合成によるグルコースの合成

↳ **4** 酵素の反応にはATPを必要とするものと，必要としないものがある。過酸化水素の分解反応の触媒であるカタラーゼはATPを必要としない。

□ **5** 次のうち，同化にあてはまるものは**ア**，異化にあてはまるものは**イ**，両方にあてはまるものは**ウ**の記号で答えなさい。

(1) グルコースを分解してATPを合成する。　　　（　　　）
(2) 多くの酵素反応が見られる。　　　　　　　　（　　　）
(3) 無機物から有機物を合成する。　　　　　　　（　　　）
(4) 反応全体ではエネルギーを放出する。　　　　（　　　）
(5) 反応全体ではエネルギーを吸収する。　　　　（　　　）

↳ **5** 一般的に，複雑な物質ほど高いエネルギーをもち，単純な物質ほどもっているエネルギーは少ない。

□ **6** 次の文の空欄に適する語句を答えなさい。

　ATPは多くの生物で有機物合成をはじめ，筋収縮，細胞内情報伝達，細胞の運動などのあらゆる生命活動を支えるエネルギー源として用いられている。これはATPの分子内には（①　　　　　　　　　　　　）が存在し，この結合が切れるときに蓄えられていたエネルギーが（②　　　　　　）されるためである。

〔岐阜大－改〕

↳ **6** ATPに蓄えられたエネルギーは高エネルギーリン酸結合が切れるときに放出される。

⑥ 光合成と呼吸

解答▶別冊P.3

📝 POINTS

1 光合成の反応……葉緑体の**チラコイド**で光エネルギーを吸収して水を分解し, ATP と NADPH を合成する反応が起こる。**ストロマ**内で ATP, NADPH を用いて炭酸同化が進む。

$$12H_2O + 6CO_2 + 光エネルギー \longrightarrow$$
$$C_6H_{12}O_6 + 6H_2O + 6O_2$$

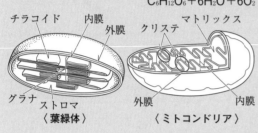

チラコイド　内膜　外膜　クリステ　マトリックス

グラナ　ストロマ　　外膜　　内膜
〈葉緑体〉　　　　〈ミトコンドリア〉

2 呼吸と発酵

① **呼吸**…グルコースの場合, 細胞質基質内でグルコースを分解する**解糖系**, マトリックス内で, 解糖系でできたピルビン酸を二酸化炭素に分解する**クエン酸回路**を経て, **クリステ**での**電子伝達系**で多くの ATP を合成する。

$$C_6H_{12}O_6 + 6H_2O + 6O_2 \longrightarrow 12H_2O$$
$$+ 6CO_2 + 化学エネルギー(ATP の高エネルギーリン酸結合, 最大 38 ATP)$$

② **発酵**…主に菌類が行う, 無酸素で有機物を分解し, ATP を得る反応。アルコール発酵, 乳酸発酵。

☐ **1** 次の図中の ▢ の中に適当な語句を記入しなさい。

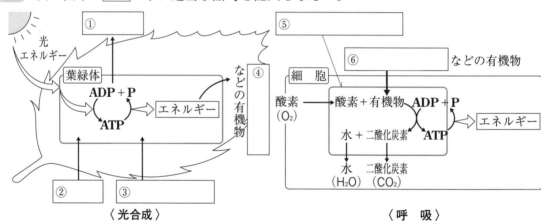

〈光合成〉　　　　　　　　　　　　〈呼吸〉

☐ **2** 呼吸について, 次の問いに答えなさい。

(1) 呼吸は細胞のどの部分で行われるか, 2つ答えなさい。

（　　　　　　　　）（　　　　　　　　）

(2) 一般的に呼吸で使われる有機物は何ですか。（　　　　　　）

(3) (2)の物質を分解する呼吸について, 下の化学式を完成させなさい。

（　　　　　　）+6（　　　　）+6（　　　　）⟶

12（　　　　）+6（　　　　）+化学エネルギー

✓ Check

↳ **2** 呼吸によって分解される有機物には糖(グルコース), タンパク質(アミノ酸), 脂肪(油脂)がある。それぞれを使う生物として小麦, 大豆, ゴマが代表例である。

12

□ **3** デンプンについて，次の文の①～③の空欄に適する語句を答えなさい。

　光合成でとり込まれた二酸化炭素は葉緑体では（①　　　　　　）として蓄えられるが，その後，糖に形を変えて植物体内の別の組織に運ばれる。これを（②　　　　　　）といい，種子や芋の根などの貯蔵器官に（③　　　　　　）として蓄えられる。

3 デンプンは葉緑体では**同化デンプン**といい，貯蔵器官では**貯蔵デンプン**という。

□ **4** 生物の細胞内では酵素がはたらくことで，さまざまな化学反応が進む。これについて，次の植物細胞と

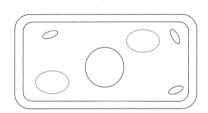 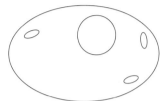

動物細胞の図中にそれぞれ，呼吸に関する酵素群が主に存在している部分を黒く塗り，光合成に関する酵素群が主に存在する部分に斜線を引きなさい。

□ **5** 次の文を読んで，あとの問いに答えなさい。

　生物が体外から物質をとり入れて自分のからだをつくる材料や生命を維持するための物質に変換することを同化といい，水や二酸化炭素から有機物を合成するはたらきを（①　　　　　　）という。光エネルギーを用いて二酸化炭素を固定し複雑な有機物をつくり上げる生物は光合成生物とよばれ，大部分の植物は光合成によって（　①　）を行う。植物において光合成が行われる場は葉緑体である。光が関与する反応は葉緑体の（②　　　　　　）という膜，光が関与しない反応は葉緑体の（③　　　　　　）において行われる。光合成は（④　　　　　　）などの光合成色素によって光エネルギーが吸収されることではじまる。（　②　）膜の光化学反応では水が分解されて酸素と水素イオンと電子が生じ，そのうち電子は（　②　）膜を移動し，水素イオンと結合してNADPHの生成に使われる。この電子伝達の過程で遊離（ゆうり）されるエネルギーを用いて（　②　）膜のATP合成酵素によってATPが合成される。

(1) 文中の①～④の空欄に適する語句を答えなさい。

(2) 下線部に関して，下の空欄に適切な化学式を記しなさい。

12（　　　　　）＋6（　　　　）＋光エネルギー　⟶
（　　　　　　　）＋6（　　　　）＋6（　　　　）　　〔弘前大一改〕

5 光合成は光化学反応とよばれるタンパク質の酵素が光エネルギーを吸収することから始まる。このとき，光を吸収するのは酵素に含まれる**クロロフィル**という光合成色素である。
　二酸化炭素から有機物がつくられる反応は葉緑体のストロマで行われる。

7 遺伝情報と DNA

解答 ▶ 別冊P.4

📝 POINTS

1 遺伝子の本体：DNA（デオキシリボ核酸）

生物は種によって特有の形や性質をもっており，この特徴を**形質**という。形質は親から子に**遺伝**する。これは細胞に**遺伝子**が存在するからであり，遺伝子の本体は DNA（Deoxyribonucleic Acid）である。

2 DNA の構造

① **構成単位**…DNAは**ヌクレオチド**が多数連結した鎖状（さじょう）の物質である。DNAのヌクレオチドは『**リン酸＋デオキシリボース（糖）＋塩基**』で構成されている。塩基は

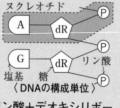

〈DNAの構成単位〉

4種類あり，**A（アデニン）**，**T（チミン）**，**G（グアニン）**，**C（シトシン）**がある。DNAの塩基の並びを**塩基配列**といい，塩基配列で遺伝情報が決まる。

② **二重らせん構造**…ワトソンとクリックが提唱した。DNAは２本の鎖がらせんを描きながら，その中心で塩基が対になって結合する構造をとっている。このとき，必ずAとT，GとCが対になる。この塩基の対になる性質を塩基の**相補性**といい，できた対を**塩基対**という。

〈二重らせん構造〉

□ **1** 次の図中の □ の中に適当な語句を記入しなさい。

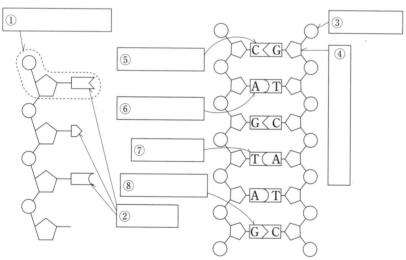

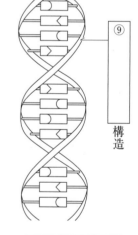

⑨

構造

□ **2** 次の問いに答えなさい。

(1) 生物種特有の形や性質を何といいますか。（　　　　）

(2) DNA の塩基の並びを何といいますか。（　　　　）

(3) DNA の４つの塩基 A，T，G，C の名称を答えなさい。

A（　　　） T（　　　） G（　　　） C（　　　）

(4) DNA の塩基において，必ず A と T，G と C が対になる性質を何といいますか。（　　　　）

✓ Check

↳ **2** (4)この性質のために，A と T，G と C という塩基対がつくられる。

3 ニワトリの肝臓からDNAを抽出する実験を行った。①～⑥はその手順である。これについて，下の問いに答えなさい。

① 凍らせたニワトリの肝臓をすりおろす。

② トリプシンを加え，乳鉢（にゅうばち）で肝臓をすりつぶす。

③ 12％食塩水を加えて混ぜる。

④ ビーカーに移し，100℃で5分間加熱し，ろ過する。

⑤ 冷却したエタノールを入れ，ガラス棒で静かに混ぜる。

⑥ ガラス棒に巻きつけてDNAをとり出す。

(1) 上記①～⑥の手順を行う理由を次から選びなさい。

①（　　）②（　　）③（　　）④（　　）⑤（　　）⑥（　　）

ア タンパク質分解酵素でDNAと混在するタンパク質を分解。

イ タンパク質を凝固させて，とり除く。

ウ DNAを沈殿させる。

エ 細胞を破壊し，DNAを抽出しやすくする。

オ 繊維状のDNAをからめとる。　　カ DNAを溶かす。

(2) 抽出したものがDNAであるかどうかを染色液（せんしょくえき）で調べたい。何という染色液を用いるのがよいか，1つあげなさい。

（　　　　　　　　　　　　）

4 次の文を読んで問いに答えなさい。

遺伝子の本体はDNAであり，aDNAは4種類のヌクレオチドが鎖状に結合した化合物である。ヌクレオチドは塩基，糖，（ A ）から構成されており，2本のヌクレオチド鎖がb二重らせん構造をとっている。

(1) 文中のAに適する語句を答えなさい。　　（　　　　　）

(2) 下線部aについて，DNAの塩基組成は生物種によって異なっている。DNAに含まれるアデニンの数をA，チミンの数をT，グアニンの数をG，シトシンの数をCとする。下に示す計算式のうち，答えがすべての生物でほぼ等しくなるものを4つ選び，記号で答えなさい。　　（　　　　　　　）

ア $\dfrac{A+T}{G+C}$　イ $\dfrac{A+C}{G+T}$　ウ $\dfrac{A+G}{T+C}$

エ $\dfrac{A}{T}$　オ $\dfrac{A}{G}$　カ $\dfrac{G}{C}$　キ $\dfrac{T}{C}$

(3) 下線部bについて1953年にこのモデルを提唱した2人の名まえを答えなさい。　　（　　　　　）（　　　　　）〔高知大－改〕

↳ **3** (1)②トリプシンはタンパク質分解酵素である。
(2)DNAは核の中にある物質で，核を染色する染色液でよく染まる。

↳ **4** シャルガフの法則（規則）ではA＝T，G＝Cとなる。わかりにくい場合はこれらを代入すればよい。二重らせん構造をとっているDNAの場合，塩基の相補性から必ずAの数＝Tの数，Gの数＝Cの数となる。この法則（規則）を発見した人の名まえをとって，シャルガフの法則（規則）という。

⑧ 遺伝物質を追った科学者達

解答▶別冊P.4

📝 POINTS

1 **メンデル**……エンドウの種子や子葉の色の形質に着目した。そして，エンドウの親の形質が子に遺伝する現象から遺伝の法則性を発見し，遺伝子の存在を示した。

2 **グリフィス**……**肺炎双球菌**を用いて初めて形質転換を実証した。病原性のある S 型菌を加熱殺菌し，病原性のない R 型菌と混合すると，R 型菌に S 型菌の遺伝物質がとり込まれ，S 型菌に**形質転換**することを発見した。

3 **エイブリー**……グリフィスの実験をさらに

発展させ，S 型菌をすりつぶした抽出液を用いて遺伝物質が DNA であると主張した。

4 **ハーシーとチェイス**……遺伝物質がタンパク質か DNA かを知るために，大腸菌に感染するウイルス(＝バクテリオファージ)を用いた実験を行った。バクテリオファージのタンパク質と DNA を標識し，ファージが感染するときに大腸菌に侵入するのはどちらかを調べた。そして，大腸菌に感染した遺伝物質が DNA であることを突きとめた。

□ **1** 次の図中の □ の中に適当な語句を記入しなさい。

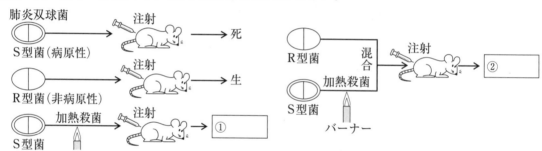

□ **2** 次の文の①～⑥の(　)に適する語句を答えなさい。

細菌に寄生する(①　　　　　　)のことをバクテリオファージという。ファージはタンパク質(主な構成元素：C, H, O, N, S)と DNA(主な構成元素：C, H, O, N, P)からできている。これらを構成する元素の違いから S と P に目印をつけた。目印をつけた S と P を含むファージを大腸菌に感染させ，子ファージをつくらせた。子ファージだけを回収し，S と P について調べたところ，目印のついた P は見つかったが，目印のついた S は見つからなかった。よって，目印をつけた S は(②　　　　　　)の構成元素で，親ファージから子ファージへ伝え(③　　　　　　)と考えられ，目印をつけた P は(④　　　　　　)の構成元素で，子ファージへ伝え(⑤　　　　　)と考えられる。このことから遺伝子の本体は(⑥　　　　　)であると考えられる。

✅ Check

↳ **2** 構成元素の C, H, O, N は，タンパク質と DNA に共通している。

3 グリフィスとエイブリーらが行った肺炎双球菌の実験について次の文を読み，あとの問いに答えなさい。

　肺炎双球菌の中には，病原性があり，表面のなめらかなコロニーをつくるS型菌と，病原性がなく，表面がざらついたコロニーをつくるR型菌とがある。1928年，グリフィスは，加熱して殺したS型菌と生きたR型菌を混合してマウスに注射すると，死んだマウスの体内から生きた（①　　　　　　）が検出されることを発見した。この現象について，グリフィスは加熱殺菌した（②　　　　　　）に含まれていた物質（遺伝子）が（③　　　　　　）にとり込まれ，（④　　　　　　）が（⑤　　　　　　）の形質をもつようになったと考え，この現象を（⑥　　　　　　）と名づけた。

　1944年，エイブリーらはグリフィスの実験に興味をもち，R型菌をS型菌に（⑥）する物質，すなわちS型菌の遺伝子が何であるか，確かめる実験を行った。加熱殺菌したS型菌の抽出液を生きたR型菌に混ぜて寒天培地上で培養すると，R型菌のコロニーの中に，いくつかS型菌のコロニーがつくられた。このとき，あらかじめS型菌の抽出液にDNA分解酵素をはたらかせ，抽出液中のDNAを分解した状態でR型菌と混合して培養すると，得られるコロニーはすべて（⑦　　　　　　）のものになった。しかし，抽出液にタンパク質分解酵素をはたらかせ，抽出液中のタンパク質を分解した場合は，（⑧　　　　　　）のコロニーが出現した。このことから，エイブリーらは，（⑥）を引き起こす物質はタンパク質ではなくDNAであると主張した。

(1) 文中の空欄に適する語句を答えなさい。ただし，⑥以外はR型菌かS型菌と記入すること。

(2) R型菌がS型菌へ⑥したのは次のどれですか。　　　　　　（　　　　　）

　ア　加熱殺菌したS型菌の抽出液を加熱殺菌したR型菌と培養した。

　イ　加熱殺菌したS型菌の抽出液を生きたR型菌と培養した。

　ウ　加熱殺菌したS型菌の抽出液にタンパク質分解酵素をはたらかせたあと，生きたR型菌と培養した。

　エ　加熱殺菌したS型菌の抽出液にDNA分解酵素をはたらかせたあと，生きたR型菌と培養した。

　オ　加熱殺菌したS型菌の抽出液にRNA分解酵素をはたらかせたあと，生きたR型菌と培養した。

〔宮崎大・奈良県立医科大－改〕

↳ **3** 加熱殺菌しても，菌の遺伝物質は分解されずに抽出液に残っている。この残った遺伝物質がとり込まれると形質転換が生じる。

　タンパク質分解酵素がはたらくとタンパク質は分解されるが，DNAは分解されない。

　DNA分解酵素がはたらくとDNAは分解されるが，タンパク質は分解されない。

Q確認

コロニー

1つの菌が増殖して肉眼で観察可能な集団になったものをコロニーという。

⑨ 遺伝情報の分配

📝 POINTS

1 **DNA と染色体**……真核生物では DNA は，染色体に存在する。細胞は分裂して増えるが，細胞分裂の際には染色体の複製と分裂を観察することができる。複製のとき，DNA は二重らせん構造がほどけ，2 本の 1 本鎖がそれぞれ鋳型となって新しく DNA が複製されるので，**半保存的複製**とよばれる。

2 **細胞周期**……細胞は体細胞分裂によって増える。分裂によってできた細胞が再び分裂するまでを**細胞周期**という。細胞周期は，間期と分裂期に分けることができる。

① **間期**…G_1 期（**DNA 合成準備期**），**S** 期（**DNA 合成期**），G_2 期（**分裂準備期**）からなる。このほか，一部の多細胞生物で観察される細胞周期に入らない G_0 期がある。

② **分裂期（M 期）**…前期，中期，後期，終期からなる。最初に染色体が太く凝縮する。中期には 2 本の**相同染色体**を観察できる。その後，終期に細胞質分裂が起こる。

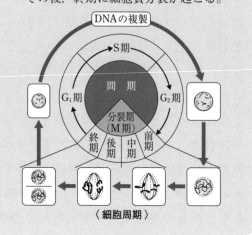

〈細胞周期〉

□ **1** 次の細胞周期に関する図中の▢の中に適当な語句を記入しなさい。

① ▢ 期

G_2 期 → ② ▢ → ③ ▢ → ④ ▢ → ⑤ ▢ → G_1 期

M期

□ **2** 次の文が説明する細胞周期の時期を答え，番号を①から並べかえなさい。ただし，分裂期（M 期）は前期，中期，後期，終期かまで答えること。

① DNA の合成の準備を行う。　　　　　（　　　　）
② 染色体が太い棒状に凝縮する。　　　　（　　　　）
③ 染色体が 2 つに分かれて両極へ移動する。（　　　　）
④ 細胞分裂の準備を行う。　　　　　　　（　　　　）
⑤ 棒状の染色体が糸状にほぐれる。　　　（　　　　）
⑥ DNA を複製する。　　　　　　　　　（　　　　）
⑦ 赤道面に染色体が並ぶ。　　　　　　　（　　　　）

（ ① → 　　 → 　　 → 　　 → 　　 → 　　 ）

✓**Check**
↳ **2** 染色体は凝縮してから分裂を行う。分裂後は再びほぐれる。

□ **3** 次の文の①〜⑥の（　）に適する語句を答えなさい。

体細胞分裂は，分裂期（M期）にまず，細胞が（①　　　　）分裂し，次に（②　　　　　　）が分裂し，2個の新しい細胞になる。分裂する前の1個の細胞を（③　　　　　　），分裂後の2個の細胞を（④　　　　　）という。（①）分裂では染色体が2つに分けられるのが観察できるが，これは間期のうち，（⑤　　　　　）期にDNAが複製されるからである。この複製の方法は2本鎖のDNAが2つに分かれ，それぞれが鋳型（いがた）となって，新しいDNAを合成することから（⑥　　　　　　　）とよばれる。

□ **4** 体細胞は，細胞分裂の過程で分裂期（M期），DNA合成準備期（G_1期），DNA合成期（S期），分裂準備期（G_2期）の各過程を周期的にくり返す。この周期を細胞周期という。細胞周期のM期は核分裂の過程にしたがって順に前期，中期，後期，終期に分けられる。細胞周期に関する次の問いに答えなさい。

(1) M期に関して記述した次の文章を，分裂の経過の順に正しく並べなさい。（　　　→　　　→　　　→　　　→　　　）

① 染色体は糸状にほぐれて一様に分布する。

② 染色体が太く短い棒状になる。

③ 染色体が赤道面に並ぶ。

④ 染色体が両極に向かって移動する。

⑤ 染色体が2つに分離する。

(2) 細胞分裂と染色体について記述した文章のうち，誤っているものを次から選びなさい。（　　　）

ア 細胞質分裂は，核分裂の後期に入った直後から始まる。

イ 細胞質分裂時には，染色体の複製は完了している。

ウ 相同染色体の対の数をnとすると，体細胞の染色体数は$2n$である。

エ 染色体を最も明瞭（めいりょう）に観察できるのは細胞分裂中期である。

(3) 1つの細胞中のDNA量は，細胞周期によってどのように変化するか，適切なものを次から選びなさい。横軸は時間を，縦軸は細胞あたりのDNA量を表す。（　　　）〔東京理科大－改〕

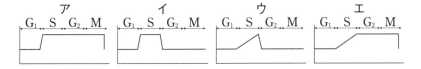

↳ **3** DNAが複製されるのはDNA合成期だけである。

↳ **4** (2)細胞質分裂は分裂期の終期に起こる。(3)1つの細胞あたりのDNA量は，細胞質分裂が終わった段階で半分になる。

⑩ 遺伝情報の発現 ①

解答▶別冊P.5

🖊 POINTS

1 遺伝情報の流れ……DNA の塩基配列として存在する遺伝情報は，『**DNA → RNA → タンパク質**』という流れで**発現**する。この一連の遺伝情報の流れを**セントラルドグマ**という。

① **RNA**…R̲ibonucleic A̲cid（リボ核酸）。DNA と同様にヌクレオチドが結合した 1 本鎖の物質。RNA のヌクレオチドは『リン酸＋リボース（糖）＋塩基』である。塩基は A（アデニン），U（ウラシル），G（グアニン），C（シトシン）である。遺伝情報が転写された mRNA やアミノ酸をリボソームに運ぶ tRNA などがある。

② **タンパク質**…アミノ酸が多数結合した物質。酵素などさまざまな機能をもつ。生物の形質の違いは主にタンパク質の違いによる。

③ **転写**…DNA の塩基配列が RNA ポリメラーゼという酵素によって mRNA に写しとられる過程をいう。

④ **翻訳**…mRNA の塩基配列をもとに，リボソームがアミノ酸を結合（ペプチド結合）させてタンパク質を合成する過程をいう。アミノ酸は tRNA によって運ばれる。

リン酸 糖 塩基

RNAのヌクレオチド

A……アデニン
U……ウラシル
G……グアニン
C……シトシン

〈RNAのヌクレオチド〉

□ **1** 次の図中の▭の中に適当な語句を記入しなさい。

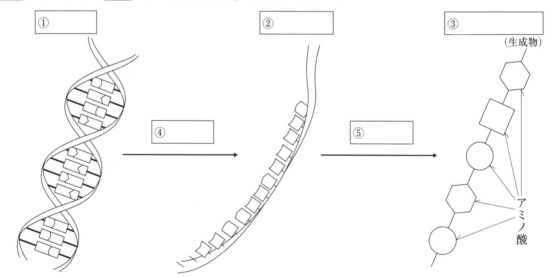

① 　　　　　　② 　　　　　　③ 　（生成物）

④ 　　　　　　⑤

アミノ酸

□ **2** 次の核酸に関する表を埋めなさい。なお，塩基についてはあてはまる記号を答えなさい。

	デオキシリボ核酸	リボ核酸
略称		
糖		
塩基		

✅ Check

↪ **2** DNA と RNA の違いはおのおののヌクレオチドを構成する糖と塩基の違いである。

□ **3** 次の遺伝情報の発現に関する文の①〜⑤の（ ）に適する語句を答えなさい。

　タンパク質は生体に含まれる物質の中で最も種類が多い。というのも，生物の生命活動のほとんどは細胞の中で起こるさまざまな化学反応であるが，その中心となってはたらいているのは，酵素をはじめとするタンパク質だからである。

　タンパク質は，DNAの遺伝情報をもとにつくられる。初めにDNAの塩基配列を鋳型（いがた）に（① 　　　　　　　）が転写される。次に（ ① ）の塩基配列をもとにリボソームが（② 　　　　　　　）をペプチド結合させ，（③ 　　　　　　　）を合成する。これを（④ 　　　　　　　）という。この一連の遺伝子発現の流れを（⑤ 　　　　　　　）といい，生物に共通した現象である。

　生物の種が異なると遺伝子（DNAの塩基配列）が異なるが，その差異は発現するタンパク質の違いとして形質に現れるのである。

□ **4** 次の文を読んで，あとの問いに答えなさい。

　核酸はDNAとRNAの2種類に分けられる。どちらも _a糖・リン酸・塩基からなり，構成元素はC・H・O・N・Pであるが，_bDNAとRNAでは糖と塩基の種類が異なる。

　DNAの塩基配列には，遺伝形質に関する情報を含めて，遺伝的な情報がすべて保持されており，遺伝情報とよばれる。遺伝子は，DNA分子中の特定の領域にある塩基配列のことで，塩基の種類はすべての生物で共通している。一方，RNAにははたらきの異なるいくつかの種類があり，伝令RNA（mRNA），転移RNA（tRNA），リボソームRNA（rRNA）が含まれる。DNAの遺伝情報（塩基配列）はいったん _cmRNAの塩基配列として写しとられる。そして，_dmRNAの塩基配列をもとにタンパク質が合成される。

(1) 下線部 **a** の糖・リン酸・塩基が結合した化合物を何といいますか。　　　　　　　　　　　　　　（ 　　　　　　　 ）

(2) 下線部 **b** のDNAとRNAの糖の名称を記入しなさい。
　　　　DNA（ 　　　　　　　 ）　RNA（ 　　　　　 ）

(3) 下線部 **c，d** の過程をそれぞれ何といいますか。
　　　　　　　　c（ 　　　　 ）　d（ 　　　　　 ）

〔長崎大ー改〕

> **Q確認**
>
> **セントラルドグマ**
> 　DNAの遺伝情報からタンパク質が合成される（発現）。このとき，遺伝情報はDNA → RNA →タンパク質へと流れている。この考えをセントラルドグマという。

↳ **4** DNAとRNAの構成単位はともにヌクレオチドとよばれるが，DNAとRNAでそれぞれのヌクレオチドの構成成分は異なる。

⓫ 遺伝情報の発現 ②

✎ POINTS

1 コドン

① **tRNA（転移RNA）**…1本鎖のRNAが折りたたまれた形の分子。アミノ酸と結合する部位と，アンチコドンという **mRNA** のコドンと結合する部位をもつ。

② **コドン（遺伝暗号）**…mRNAにおいて1つのアミノ酸を指定する3つの塩基の並び。指定されたアミノ酸はtRNAが運搬する。

③ **開始コドン**…翻訳開始を示すコドン。アミノ酸の一種である，メチオニンに対応する。

④ **終止コドン**…翻訳の終了を示すコドン。tRNAが存在しない。

⑤ **遺伝暗号表**…タンパク質は20種類のアミノ酸が鎖状に結合した物質なので，DNAの塩基配列からmRNAの塩基配列に転写された遺伝情報はコドン単位でアミノ酸配列に変換される。塩基は4種類のため，3つの塩基の並びは4×4×4＝64種類あり，各コドンが指定するアミノ酸を示した表を**遺伝暗号表**という。

		2番目の塩基				
		U(ウラシル)	C(シトシン)	A(アデニン)	G(グアニン)	
1番目の塩基	U	UUU UUC } フェニルアラニン UUA UUG } ロイシン	UCU UCC UCA UCG } セリン	UAU UAC } チロシン UAA UAG } (終止)	UGU UGC } システイン UGA (終止) UGG トリプトファン	U C A G
	C	CUU CUC CUA CUG } ロイシン	CCU CCC CCA CCG } プロリン	CAU CAC } ヒスチジン CAA CAG } グルタミン	CGU CGC CGA CGG } アルギニン	U C A G
	A	AUU AUC } イソロイシン AUA AUG メチオニン(開始)	ACU ACC ACA ACG } トレオニン	AAU AAC } アスパラギン AAA AAG } リシン	AGU AGC } セリン AGA AGG } アルギニン	U C A G
	G	GUU GUC GUA GUG } バリン	GCU GCC GCA GCG } アラニン	GAU GAC } アスパラギン酸 GAA GAG } グルタミン酸	GGU GGC GGA GGG } グリシン	U C A G
						3番目の塩基

<遺伝暗号表>

□ **1** 次の図中の◻の中に適当な語句を記入しなさい。

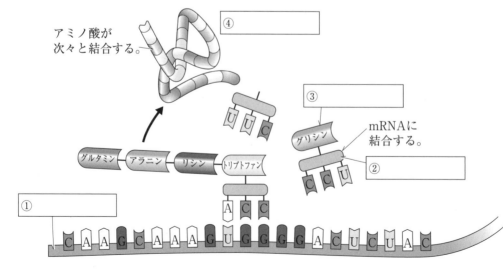

□ **2** 前ページの遺伝暗号表について，次の問いに答えなさい。

(1) 開始コドンを表から探して，その配列を答えなさい。

( )

(2) 3つの終止コドンを表から探して，その配列を答えなさい。

( ) ( ) ( )

□ **3** 前ページの遺伝暗号表を使用して，下の配列の mRNA を翻訳したときに発現するタンパク質のアミノ酸配列を答えなさい。

AUG　　CUA　　CGA　　GCU　　AGC　　UAG

（メチオニン）-( )-( )-( )-( )

□ **4** カイコの遺伝子 **X** の mRNA 配列の先頭から第 90 番目までの塩基配列を図に示した。ここでは左端(5′側)を第 1 番目，右端(3′側)を第 90 番目とする。これについて，あとの問いに答えなさい。必要であれば前ページの遺伝暗号表を使用すること。

5′-AUG UCU ACA UGG UGG UUA GUU GUG GUG
GCG GCG GCG GCG GCG <u>GCG GGG CUG GUG</u>
AGG GCC GAG GAC CGC UAC（ヒスチジン）（プロリン）
（グルタミン酸）（アルギニン）CUC GCG-3′

(1) 下線部の配列が指定するアミノ酸配列を答えなさい。

( )-( )-( )-( )

(2) 第 73 番目～第 84 番目は翻訳されたアミノ酸配列のみ示している。このアミノ酸配列から考えうる mRNA の塩基配列は何通りありますか。 ( )

(3) 次の記述が正しいものには○を，間違っているものには×をつけなさい。

① グリシンを指定するコドンは，1 個の塩基置換により終止コドンに変化することはない。 ( )

② コドンの 1 番目の塩基が変化したとき，指定するアミノ酸が変化しない可能性があるのは，ロイシンを指定するコドンまたはアルギニンを指定するコドンである。 ( )

③ 1 個の塩基が他の塩基に変化したとき，指定するアミノ酸が必ず変化するのはトリプトファンを指定するコドンだけである。 ( )

〔京都工繊大－改〕

● **Check**

↳ **2** 開始コドンは「メチオニン」と併記されていることが多い。

↳ **3** 最後の UAG は終止コドンなので，翻訳が終了する。そのため，このタンパク質(短いので，ペプチドといった方が正確)は 5 つのアミノ酸で構成されている。

↳ **4** 20 種類のアミノ酸を覚える必要はないが，うまみ成分のグルタミン酸や，栄養ドリンクによく配合されているアルギニン，アスパラギン酸などは有名である。(3)遺伝暗号表を見て，塩基の変化でアミノ酸が変化するか確認してみよう。

⑫ 遺伝情報の発現 ③

解答▶別冊P.6

📝 POINTS

1 ゲノム……生物が自らを形成，維持するのに必要最小限の遺伝情報の1セットを**ゲノム**という。ヒトのゲノムは約20000個の遺伝子，約30億塩基対で，そのDNAすべてを1本につなぎ合わせると約1mになる。

① **カエルの核移植実験**…イギリスのガードンは成長したアフリカツメガエルの腸の細胞からとり出した核を，核のはたらきを失わせた未受精卵に移植した。すると，移植した核の形質をもつ個体に成長した。これは成長した細胞でも核にゲノムを保持していることを示している。

② **ヒツジの核移植実験**…カエルと同様の実験を行い，同様の結果を得た。この実験で生じた個体どうしのように，遺伝的に同一であるものを**クローン動物**という。

2 多細胞生物における遺伝子発現……多細胞生物は受精卵から体細胞分裂をくり返して成長するが，成長する際に細胞が特定の形やはたらきをもつことを**分化（細胞分化）**という。受精卵がもつあらゆる細胞に分化できる能力を**全能性**という。

また，受精卵のように特定の形やはたらきをもっていないことを**未分化**といい，分化した細胞を未分化の状態にもどすことを**脱分化**という。

2006年，山中伸弥らは動物の分化した細胞を特殊な処理でほぼ未分化な状態にもどすことに成功した。この細胞は**iPS細胞**とよばれ，今後，さまざまな医療への応用が期待されている。

□ **1** 次の図中の▢の中に適当な語句を記入しなさい。

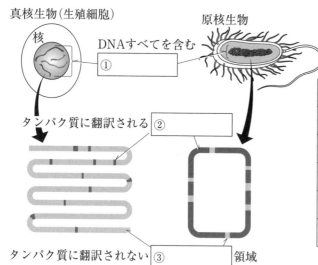

生物名	遺伝子数	ゲノムサイズ（塩基対の数）
大腸菌	約4300	約460万
酵母	約6300	約1200万
ショウジョウバエ	約13600	約1億8000万
イネ	約32000	約4億
ヒト	④	⑤

□ **2** 次の文の①〜⑦の空欄に適する語句を答えなさい。

生物の細胞は，個体を形成，維持するのに必要なDNA，または遺伝情報の1セットをもち，これを（①　　　　）という。ヒトの（ ① ）は約（②　　　　）塩基対になり，つなぎ合わせて1本にすると約（③　　　　）mになる。成長した細胞でも核に（ ① ）

24

を保持していることを示したのは，カエルの（④　　　　　　）実験である。成長した細胞が特定のはたらきや形をもつようになることを（⑤　　　　　）というが，カエルの（④）実験では，成長した細胞の核でもさまざまな細胞に（⑤）する能力，つまり（⑥　　　　　）を保持していた。この実験で得られた個体どうしのように遺伝子が同じであるものを（⑦　　　　　　）動物とよぶ。

□　**3**　次の核移植実験に関する文を読んで，あとの問いに答えなさい。
　　イギリスのガードンは，20世紀半ば，アフリカツメガエルの褐色個体の未受精卵に紫外線を照射して核の機能を失わせ，この卵に ${}_a$別のアフリカツメガエルの体細胞の核を移植した。その結果，この卵から生じたカエルは，${}_b$核を提供したカエルと同じ色の個体になることを示した。

(1)　下線部 **a** について，核に含まれている個体を形成，維持するのに必要な DNA の1セットを何というか。　（　　　　　）

(2)　下線部 **b** で，白色のアフリカツメガエルから核を提供した場合，核移植した卵から生じた個体は何色になるか。（　　　　　）

(3)　この実験で細胞分裂が起こるとき，(1)はふえた，変わらない，減った，のいずれに変化するか。　（　　　　　）

□　**4**　空欄にあてはまる言葉を下の語群から選び，記号で答えなさい。
　　英国で1996年に（①　　　　）の体細胞クローンが誕生し，ドリーと名付けられた。これは成体の乳腺や皮膚などから採取して培養した体細胞（ドナー細胞）をあらかじめ核をとり除いた（②　　　　）に移入して体細胞クローン胚をつくり出し，それを代理母の腹腔内にある（③　　　　）へ移植し，妊娠させて誕生させたものである。動物の場合には，植物と違って，体細胞には（④　　　　）がないので，クローンづくりの場合には（②）への核移植が必要である。体細胞クローン動物は（⑤　　　　　）過程を経由しないで誕生するので，ドナー細胞をとった個体とまったく同じ（⑥　　　　　）をもつ生物体である。
〔語群〕　**ア** イヌ　　**イ** ウシ　　**ウ** ヒツジ
　　　エ ゲノム DNA　**オ** 精子　　**カ** 卵　　**キ** 受容体
　　　ク 再現性　**ケ** 全能性　**コ** 受精　**サ** 分化
　　　シ RNA　**ス** 生殖器
〔鹿児島大－改〕

◆Check

↳ **2** ゲノム DNA は核内に存在する。よって核を移植すると，移植した核の遺伝子に基づいてからだをつくる。核移植実験でつくられた個体はすべて遺伝子が同じクローン動物である。

↳ **3** (2)移植した核の情報に基づいて発生が進むので，核を提供したカエルと同じ色になる。

↳ **4** 核移植したあと，哺乳類の場合は，母体の子宮に胚を戻さないと発生は進まない。
　　卵は全能性をもつ。発生は減数分裂してつくられた配偶子が受精してから始まるが，クローンは減数分裂から受精までの一連の過程を経ずに発生が始まる。

⑬ 細胞分裂，パフの観察

解答▶別冊P.7

📝 POINTS

1 細胞分裂の観察……タマネギの根の先端を用いて細胞分裂を観察し，DNAを含む染色体が分離するようすをみる。

① **固定**…細胞を生きた状態に近いまま保存する。酢酸や，酢酸エタノール，カルノア液などを使用する。

② **解離**…植物細胞どうしを強固につなぐ細胞壁を塩酸で処理することで，個々の細胞を離れやすくする。

③ **染色**…染色液(酢酸オルセイン，酢酸カーミン)を用いて染色体を赤く染める。

④ **押しつぶし**……カバーガラスの上からろ紙をのせて，その上から親指の腹で押し，重なった細胞を一層にする。

2 パフ……ユスリカやキイロショウジョウバエの幼虫の唾腺染色体は他の細胞の染色体の 100 ～ 200 倍程度に巨大になるため観察しやすい。唾腺染色体を観察すると，部分的に太くなった**パフ**を観察できる。パフでは転写が活発に行われており，遺伝子が発現している。幼虫の成長段階によってパフの位置が変化するため，発現している遺伝子が異なることがわかる。

□ **1** 次の図中の ☐ の中に適当な語句を記入しなさい。

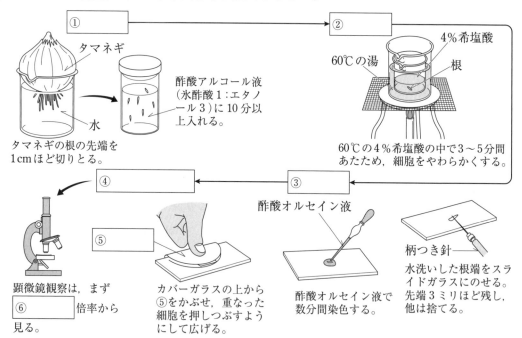

① ☐
② ☐

タマネギ

酢酸アルコール液(氷酢酸1:エタノール3)に10分以上入れる。

水

タマネギの根の先端を1cmほど切りとる。

60℃の湯
4%希塩酸
根

60℃の4%希塩酸の中で3～5分間あたため，細胞をやわらかくする。

④ ☐
③ ☐

酢酸オルセイン液

柄つき針

水洗いした根端をスライドガラスにのせる。先端3ミリほど残し，他は捨てる。

顕微鏡観察は，まず ⑥ ☐ 倍率から見る。

⑤ ☐

カバーガラスの上から⑤をかぶせ，重なった細胞を押しつぶすようにして広げる。

酢酸オルセイン液で数分間染色する。

□ **2** 次の文の①～⑤の空欄に適する語句を答えなさい。

細胞分裂が行われる際に，染色体がどのように分配されるか観察する方法に，押しつぶし法によるプレパラートの作成がある。使用するタマネギの根の(① ☐)では盛んに細胞分裂が行われている。始めに根の先端1cmほどを切りとり，

✅ Check

↳ **2** 固定→解離→染色の順に処理を行う。

（②　　　　　）液という酢酸を含む液につける。これにより細胞を生きた状態に近いまま保存できる。次に，個々の細胞を離れやすくする（③　　　　　）を行う。これは 60℃ に熱した（④　　　　　）で処理する。さらに，染色体を（⑤　　　　　　　　）で染める染色を行う。最後に，試料にカバーガラスをかけて，その上からろ紙をのせて，親指で細胞を押し広げる。

□　**3**　ユスリカの唾腺染色体の観察手順を読み，問いに答えなさい。

① 唾腺に酢酸カーミンを数滴落とし，5 ～ 10 分放置する。

② 唾腺だけをスライドガラス上に残し，それ以外のものをとり除く。

③ 腹部をピンセットではさみ，頭部を柄つき針で押さえながら引き抜く。

④ スライドガラスに生理食塩水を滴下し，ユスリカの幼虫をのせる。

⑤ 顕微鏡の低倍率で観察し，唾腺染色体を見つけたのち，対物レンズを高倍率にして観察する。

⑥ カバーガラスをかけ，その上にろ紙をのせて，カバーガラスがずれないように親指の腹で唾腺染色体を押しつぶす。

(1) ①～⑥を正しい手順に並べなさい。
　　　（　　　→　　　→　　　→　　　→　　　→　　　）

(2) 手順①は何のための作業か答えなさい。
　　　　　　　　　　　　　（　　　　　　　　　　　）

(3) 観察に用いるユスリカの幼虫は，どのような場所に生息しているか，ア～エから答えなさい。　　　（　　　）

ア　清流の岩の下。　　イ　岩やコンクリートの割れ目。
ウ　森の樹の葉の裏。　エ　よどんだ水底の泥の中。

(4) 唾腺の位置を右のユスリカの幼虫の図に記入しなさい。

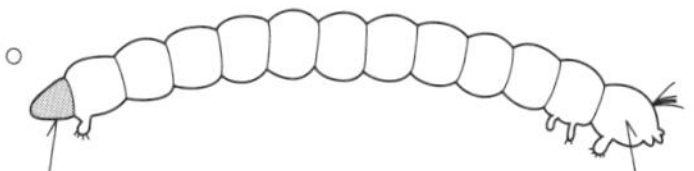

(5) 唾腺染色体には，所々膨らんだ部分が見られる。
この部分を何とよびますか。　　　（　　　　　）

(6) 唾腺染色体は通常の体細胞の染色体と比較して，およそ何倍大きいか，下のア～エから選び，記号で答えなさい。（　　　）

ア　1.5 倍　　イ　15 倍　　ウ　150 倍　　エ　1500 倍

〔愛知教育大一改〕

> **3** ユスリカは河川や水路などでよく見かけられる。
> 唾腺は幼虫の頭部を引き抜くと，消化管とともに頭部についてくる。

頭部　　　　　　尾部

⑭ 体液とそのはたらき，血液凝固

解答▶別冊P.7

📝 POINTS

1 恒常性(ホメオスタシス)……外界の条件(**体外環境**)が変化しても，**体内環境を一定に保つしくみ**。体内を循環する**体液**(血液，組織液，リンパ液)は**緩衝作用**が強く，体温，pH，浸透圧を一定に保つ。

2 血液
① **赤血球**…酸素を肺から組織へ運ぶ。ヘモグロビン(Hb)という鉄(Fe)を含むタンパク質の色素をもち，このヘモグロビンが酸素と結合したり離れたりして，酸素を運搬する。
② **血小板**…出血をとめるはたらきに関与す

る。出血したとき，血小板から分泌される物質などにより**フィブリン**が形成され，血球が固まり，**血ぺい**となり凝固する。
③ **白血球**…侵入した細菌や毒物からだをまもるはたらきをする。
④ **血しょう**…血液の液体成分。抗体などのタンパク質，糖，無機塩類，尿素，アンモニアなどの老廃物を運搬する。

3 組織液……血管外にしみ出た血液の液体成分。

4 リンパ液……組織液がリンパ管に流れ込んだ体液。

□ **1** 次の図中の□□の中に適当な語句を記入しなさい。

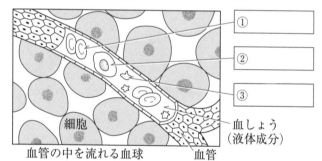

① ② ③
血しょう(液体成分)
細胞
血管の中を流れる血球　血管

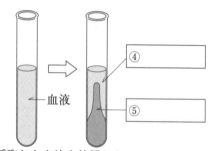

血液　④ ⑤
採取した血液を放置した。

□ **2** 次の文の①〜⑤の( )に適する語句を答えなさい。

生物は外部環境の影響を受けて生活している。生体には外界の条件が変化しても，体内の状態を一定に保つしくみが備わっている。これを(①)という。多細胞生物では，各組織のまわりは体液で満たされている。体液がつくる環境を外部環境に対して(②)という。脊椎動物の体液は，血管内を流れる(③)，細胞間をゆるやかに流れる(④)，リンパ管内を流れる(⑤)に大別される。これら体液によって，全身の細胞の体温，浸透圧(体液の濃度)，pH が一定に保たれている。さらに，体液は細胞に必要な酸素や糖を運搬するだけでなく，細胞から排出された二酸化炭素や老廃物を運搬する。

✓ Check
▷ **2** 環境の変化に対して体内の状態を一定に保つしくみがある。これを**恒常性(ホメオスタシス)**という。

3 次の文章を読み，あとの問いに答えなさい。

血管が傷つくと，以下の流れで出血は止まる。

① 傷ついた場所に（ a ）が集合する。

② （ b ）という繊維状のタンパク質が生成される。

③ （ b ）が血球をからめて（ c ）ができる。

④ 傷が（ c ）で塞がり，出血が止まる。

(1) 空欄の（ a ）〜（ c ）に適する語句を答えなさい。

a（　　　　　） b（　　　　　） c（　　　　　）

(2) この一連の過程を何といいますか。　　　（　　　　　　）

(3) 傷口から侵入した菌は白血球にとり込まれ，分解して排除される。このはたらきを何といいますか。　　（　　　　　　）

(4) 傷ついた血管が修復されると，やがて（ b ）を分解する酵素がはたらいて溶解し，役目を終えた（ c ）は消失する。この現象を何といいますか。　　　　　　（　　　　　　）

4 恒常性に関わる次の文章の①〜⑩に適する語句を答えなさい。

動物のからだをつくっている成分の大部分は水である。からだの中の液体を体液という。生命は原始の海で誕生したと考えられているが，動物の体液の組成は驚くほど（①　　　　　　）に似ている。地球にとって海が環境の変化をやわらげるはたらきをしているように，動物にとって体液は体内環境の恒常性を保つはたらきをしている。多細胞生物では，体液は細胞をとり囲む細胞外液（組織液）と細胞内液とに分かれる。特にからだのつくりが複雑なものでは，からだの中央にある細胞に（②　　　　）や栄養分を供給し，（③　　　　　　　）や老廃物をとり除くために血管系が発達する。この場合，細胞外液は血液と組織液に分けられる。

ヒトの組織液はほぼ液体成分のみであるが，血液やリンパ液には固形成分である血球が含まれる。血球は（④　　　　　），（⑤　　　　　），（⑥　　　　　）からなり，それぞれ（②）の運搬，生体防御，血液凝固の役割をもつ。（⑤）に分類されるリンパ球も生体防御にとって重要である。血しょうの主要な役割は，各細胞へ（⑦　　　），（⑧　　　　　　），（⑨　　　　　　　）などの栄養分やホルモンを運び，（⑩　　　　　）などの老廃物を腎臓などに運んで除去することである。

〔和歌山大−改〕

第1章 第2章 第3章 第4章 第5章

↳ **3** 血管が傷ついたとき，左のようなはたらきに加えて，出血部分の血管が収縮して出血量を減らすということも行われている。

↳ **4** 血しょうは，さまざまな物質を溶かす。糖や無機塩類，アミノ酸といった栄養分のほかに，二酸化炭素や老廃物（尿素やアンモニアなど）も溶かす。

29

⑮ 体内環境の維持

解答▶別冊P.8

🖊 POINTS

1 血管系……ヒトなどの脊椎動物は，動脈と静脈が毛細血管でつながる**閉鎖血管系**である。

① **心臓**…血液を体内に送り出す。右心房にある**洞房結節(ペースメーカ)**という部位が拍動を調節している。

② **動脈**…心臓から送り出される血管。

③ **静脈**…心臓に帰ってくる血管。

2 肺循環……肺動脈から送られてきた酸素分圧の低い**静脈血**は肺でガス交換することで，酸素分圧の高い**動脈血**になる。その後肺静脈を通り，心臓から全身に送られる。

3 リンパ系……リンパ管とリンパ節からなる。末端組織からリンパ管に入ったリンパ液は，途中にあるリンパ節を通りながら，鎖骨下静脈に合流する。リンパ節には**免疫**に関与する細胞が集まっている。

4 肝臓のはたらき

① **グリコーゲンの合成・貯蔵・分解**…小腸で吸収されたグルコースは，**肝門脈**を通って肝臓に入り，**グリコーゲン**に合成される。また，必要に応じて分解されることで，**血糖濃度(血糖値)**を一定に保つ。

② **体温の発生**…筋肉の次に熱の発生量が多い。

③ **解毒作用**…有害物質を分解したり，無害な物質に変えたりする。

④ **尿素の合成**…有害なアンモニアを害の少ない尿素に変える。

⑤ **胆汁の生成**…胆汁は肝臓でつくられ，胆のうに一時的に蓄えられる。

⑥ **血球の破壊**…古くなった赤血球を破壊する。このほか，数多くのはたらきが肝臓内で行われている。

☐ **1** 次の図中の☐の中に適当な語句を記入しなさい。

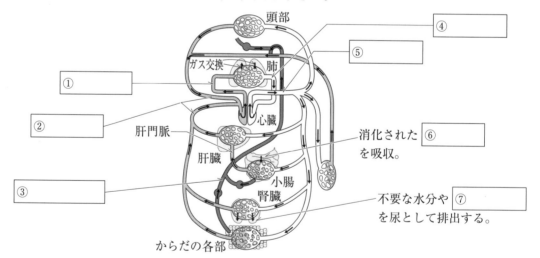

☐ **2** 次の文の①～⑤の（　）に適する語句を答えなさい。

　動物は体液を体内に循環させることで，恒常性を組織のすみずみまで維持することを可能としている。血液はポンプの役割をする（①　　　　　）から送り出される。（　①　）の拍動は右心房に存在する（②　　　　　）という部位から生まれる。送り出された血液は（③　　　　　）とよばれる血管を通り，肺以外の全身

の組織に運ばれる。（ ① ）に血液が帰るときは（④　　　　　　）とよばれる血管を通る。一部の血液成分は血管からにじみ出て，免疫に関与する（⑤　　　　　　）を通り，（ ④ ）に合流する。

□ **3**　次の文の（ ）に適する語句を答えなさい。

(1)　小腸で吸収されたグルコースは，小腸の毛細血管に入って，（①　　　　　　）を通り肝臓へ運ばれ，一部は（②　　　　　　）となる。肝臓に蓄えられた（ ② ）は，必要に応じて分解され，（③　　　　　　）は一定の値に保たれている。

(2)　タンパク質などの分解によって生じる（①　　　　　　　）は，生体に有害である。肝臓ではこの（ ① ）を害の少ない（②　　　　　　）に変えている。

(3)　十二指腸に分泌される（　　　　　　）は肝臓でつくられ，胆のうに蓄えられている。

(4)　腎臓は，ボーマンのうでの（①　　　　　　）と，細尿管での（②　　　　　　）により，尿として尿素を排出している。

□ **4**　右のヒトの血液の循環の図を見て，次の問いに答えなさい。

(1)　次の文章があてはまる血管はどれか，**ア**～**キ**の記号で答えなさい。

① 栄養分が最も多い血管 （　　　　）
② 酸素分圧の最も高い血管（　　　　）
③ 老廃物の最も少ない血管（　　　　）

(2)　ヒトのように動脈と静脈が毛細血管で連絡している血管系を何といいますか。　（　　　　　　　）

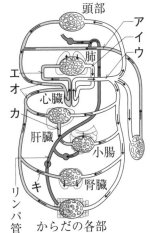

□ **5**　次の記述のうち，まちがっているものを2つ選び，記号で答えなさい。　　　　　　　　　　（　　　）（　　　）

ア　ヒトの肺動脈には酸素を多く含む鮮血色の動脈血が流れる。

イ　ヒトの静脈は血圧が低いので，逆流防止のための弁がある。

ウ　拍動を調節するペースメーカは右心房にある。

エ　ヒトの血液成分のうち，一部はリンパ管を経て心臓に戻る。

オ　脊椎動物はすべて閉鎖血管系を，無脊椎動物はすべて開放血管系をもつ。

〔島根大一改〕

Check

3 (3)胆汁は肝臓でつくられて胆のうに蓄えられ，十二指腸に分泌される。
(4)腎臓では水分，養分，老廃物などをすべて一度ろ過し，水分と養分を再吸収することで尿をつくっている。

4 栄養分が多い血液は消化器官を通った血液。
老廃物の最も少ない血液は腎臓でこされた血液。

5 ヒトの足の静脈血は重力に逆らって心臓に戻るので，弁が重要な役割を果たす。

31

⑯ 神経系のはたらき

解答▶別冊P.8

📝 POINTS

1 体温調節……体内環境は**神経系**と**ホルモン**が協調的にはたらいて維持される。

```
温熱刺激 ──→ 体温中枢     ←── 寒冷刺激
             (視床下部)
```

```
      ホルモン              ホルモン
      自律神経              自律神経
         ↓                    ↓
┌─────────────┐      ┌─────────────┐
│ 皮膚の血管拡張 │      │ 皮膚の血管収縮 │
│ 立毛筋のし緩  │      │ 立毛筋の収縮  │
│ 汗の分泌促進  │      │ 肝臓の代謝促進など│
└─────────────┘      └─────────────┘
      ↓                    ↓
    体温低下              体温上昇
```

〈体温の調節〉

2 脊椎動物の神経系

```
神経系 ┬ 末梢神経系 ┬ 体性神経系
       │           │  (運動・感覚神経)
       │           └ 自律神経系
       │              (交感・副交感神経)
       └ 中枢神経系 ┬ 脳(大脳・中脳など)
                   └ 脊髄
```

3 自律神経系……生命の維持に重要な役割を果たす**末梢神経**で，意思とは無関係にはたらく。自律神経系の統合的中枢は**間脳の視床下部**である。自律神経は**交感神経**と**副交感神経**からなる。交感神経と副交感神経は，一方のはたらきが促進されると他方は抑制

し，拮抗的に作用する。

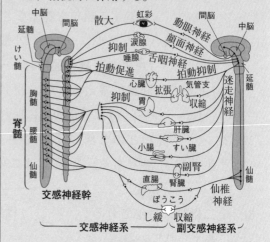

4 ヒトの中枢神経系

① 脳…主に以下の部分からなる。

　　a. **大脳**…創造，思考，学習などの知的行動。

　　b. **間脳**…視床下部が恒常性をつかさどる。

　　c. **中脳**…眼球運動，姿勢保持など。

　　d. **小脳**…からだの平衡など。

　　e. **延髄**…呼吸・拍動など生命維持の中枢。

② **脊髄**…反射の中枢。

5 脳死……脳全体の機能が停止して，回復不能な状態を脳死という。

□ **1** 次の図中の □ の中に適当な語句を記入しなさい。

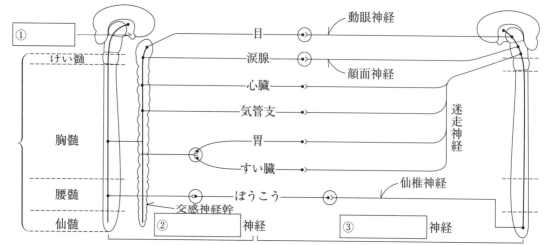

□ **2**　次の図中の( )の中に適当な語句を記入しなさい。

✓Check

① ( )　③ ( )

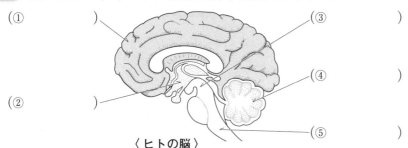

④ ( )

② ( )

⑤ ( )

〈ヒトの脳〉

□ **3**　次の文の①〜⑤の( )に適する語句を答えなさい。

　心臓の拍動は，自律神経によっても支配されていて，この中枢は(① 　　　)にある。血液中の二酸化炭素濃度が高まると，(①)の心臓拍動中枢は肺でのガス交換がたりないと判断し，(② 　　　)を通じて心臓に興奮が伝わり拍動数が上昇する。逆に二酸化炭素濃度が低下し，十分なガス交換が行われていると(①)から拍動数を下げる命令が(③ 　　　)を通じて出される。このように，自律神経は(②)と(③)が拮抗的に作用することが知られている。また，(②)では(④ 　　　)が，(③)では(⑤ 　　　)が神経伝達物質として作用する。

↳ **3**　心臓拍動の中枢は**延髄**にある。
　神経から器官へ情報を送る物質を神経伝達物質といい，交感神経では主にノルアドレナリンが，副交感神経では主にアセチルコリンが使用される。

□ **4**　下の表は，交感神経と副交感神経のはたらきをまとめたものである。次の問いに答えなさい。

	心臓拍動	消化活動	瞳孔	体表の血管	血糖濃度	立毛筋
交感神経	①	②	③	④	⑤	⑥
副交感神経	⑦	⑧	⑨	——	⑩	——

(1) 表内①〜⑩について，促進・拡大・増加などの方向にはたらくものには○を，抑制・縮小・収縮・減少などの方向にはたらくものには△を記入し，表を完成させなさい。

(2) 表の結果から，交感神経はどのようなときにはたらくか，**ア**〜**エ**から選びなさい。　　　　　(　　)

ア　促進・拡大・増加などの方向にはたらく。

イ　抑制・縮小・収縮・減少などの方向にはたらく。

ウ　活動状態のときによくはたらく。

エ　安静状態のときによくはたらく。

↳ **4**　交感神経がはたらくと心臓の拍動がはやくなり，瞳孔が開き，血糖濃度が上昇し，立毛筋が収縮する。

⒘ ホルモンによる調節

📝 POINTS

1 ホルモン……体内にある器官が血液中に分泌し，他の器官のはたらきを調節する物質の総称を**ホルモン**という。ホルモンを受けとる器官を**標的器官**，その中でもホルモンを受けとる細胞を**標的細胞**という。標的細胞にはホルモンを受けとる**受容体**が存在する。例えば，アドレナリンを受容するのは**アドレナリン受容体**である。

2 内分泌腺

ホルモンを分泌する器官を**内分泌腺**という。汗や消化液を分泌する器官は**外分泌腺**という。

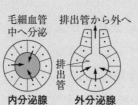

毛細血管中へ分泌　　排出管から外へ

内分泌腺　　外分泌腺

排出管

▶主なホルモン

（内分泌腺）		（ホルモン）
視床下部	⟶	放出ホルモン
脳下垂体前葉	⟶	甲状腺刺激ホルモン
脳下垂体前葉	⟶	副腎皮質刺激ホルモン
脳下垂体前葉	⟶	成長ホルモン
脳下垂体後葉	⟶	バソプレシン
副腎皮質	⟶	糖質コルチコイド
副腎皮質	⟶	鉱質コルチコイド
副腎髄質	⟶	アドレナリン
甲状腺	⟶	チロキシン
すい臓ランゲルハンス島A細胞	→	グルカゴン
すい臓ランゲルハンス島B細胞	→	インスリン

□ **1** 次の図中の▢の中に適当なホルモンの名称を記入しなさい。

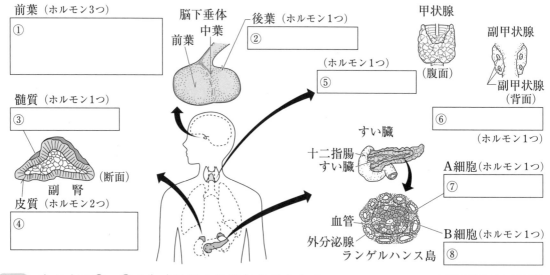

前葉（ホルモン3つ）
①

後葉（ホルモン1つ）
②

（ホルモン1つ）
⑤

甲状腺（腹面）

副甲状腺

副甲状腺（背面）
⑥
（ホルモン1つ）

脳下垂体
前葉　中葉

髄質（ホルモン1つ）
③

副腎
皮質（ホルモン2つ）
④

（断面）

すい臓

十二指腸
すい臓

A細胞（ホルモン1つ）
⑦

血管
外分泌腺
ランゲルハンス島

B細胞（ホルモン1つ）
⑧

□ **2** 次の文の①～⑤の（　）に適する語句を答えなさい。

（①　　　　　　　）は，脳下垂体・甲状腺・副腎などの特定の（②　　　　　　　）でつくられる調節物質であり，血液などの体液中に分泌されて全身に運ばれ，ごく微量で作用する。（ ① ）を受けとる器官を（③　　　　　　　），その中でも（ ① ）を受けとる細胞を（④　　　　　　　）という。（ ④ ）の中には（ ① ）を受けとる（⑤　　　　　　　）が存在する。

✔**Check**

↪ **2** ホルモンを分泌する器官を**内分泌腺**という。

□ **3** 右図は，ヒトの内分泌腺の場所を示したものである。①〜⑦の内分泌腺から分泌されるホルモンを**ア〜キ**から選びなさい。

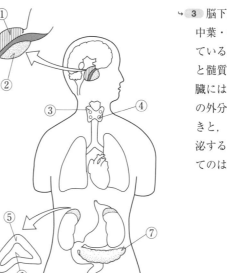

① (　　　) ② (　　　)
③ (　　　) ④ (　　　)
⑤ (　　　) ⑥ (　　　)
⑦ (　　　)

ア 副腎皮質刺激ホルモン
イ バソプレシン
ウ チロキシン　　**エ** インスリン
オ パラトルモン
カ アドレナリン　　**キ** 糖質コルチコイド

↳ **3** 脳下垂体は，前葉・中葉・後葉に分かれている。副腎は皮質と髄質がある。すい臓には消化腺としての外分泌腺のはたらきと，ホルモンを分泌する内分泌腺としてのはたらきがある。

□ **4** 次の表の(　)に適当な語句を記入しなさい。

内分泌腺	ホルモン	主な標的器官	主なはたらき
視床下部	放出ホルモン	(①　　　)	ホルモンの分泌の促進
脳下垂体前葉	(②　　　)	(③　　　)	チロキシンの分泌促進
(④　　　)	(⑤　　　)	(⑥　　　)	糖質コルチコイドの分泌促進
(⑦　　　)	バソプレシン	(⑧　　　)	(⑨　　　)
すい臓ランゲルハンス島	(⑩　　　)	肝臓，全身の細胞	血糖濃度を下げる
(⑪　　　)	アドレナリン	肝臓，(心臓)	血糖濃度を上げる

↳ **4** 脳下垂体前葉からは数種類のホルモンが分泌される。
　血糖濃度を下げるホルモンは**インスリン**のみだが，血糖濃度を上げるホルモンは成長ホルモン，アドレナリン，グルカゴン，糖質コルチコイドがある。

□ **5** ホルモンは細胞から排出管を介さずに毛細血管に分泌される。次の問いに答えなさい。

(1) このような器官を何といいますか。　(　　　　　　　)

(2) このようなホルモンが生産されて分泌される経路を示す正しい模式図はどれか，1つ選び記号で答えなさい。ただし，矢印はホルモンが移動する方向を示す。　(　　)

〔長崎大-改〕

↳ **5** 細胞から排出管を介して物質を分泌する器官を外分泌腺という。

ア　イ　ウ　エ

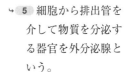
細胞

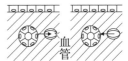
血管

⑱ ホルモン分泌の調節

✎ POINTS

1 脳下垂体のホルモンによる調節……間脳で感知した恒常性の変化は，視床下部の2種類の**神経分泌細胞**を刺激する。

一方の神経分泌細胞は，**放出ホルモン**や**放出抑制ホルモン**を分泌する。これらのホルモンは，血流に乗って標的器官の脳下垂体前葉を刺激する。その結果，脳下垂体前葉から成長ホルモンなどの脳下垂体前葉ホルモンの分泌が調節される。

もう一方の神経分泌細胞は，突起(軸索)が脳下垂体後葉まで伸び，後葉からバソプレシン(抗利尿ホルモン)というホルモンなどを血液中に分泌する。

2 ホルモン分泌の調節機構

血中のチロキシン濃度が低いとき，視床下部から脳下垂体前葉，甲状腺の順にホルモンによる命令伝達でチロキシンが分泌される。濃度が上昇すると，逆にチロキシンは高位の内分泌腺にはたらきかけ，刺激ホルモンの分泌を抑制する。これを**フィードバック**という。促進的にはたらく場合を**正のフィードバック**，抑制的にはたらく場合を**負のフィードバック**という。

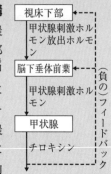

視床下部 → 甲状腺刺激ホルモン放出ホルモン → 脳下垂体前葉 → 甲状腺刺激ホルモン → 甲状腺 → チロキシン（(負の)フィードバック）

□ **1** 次の図中の ☐ の中に適当な語句を記入しなさい。

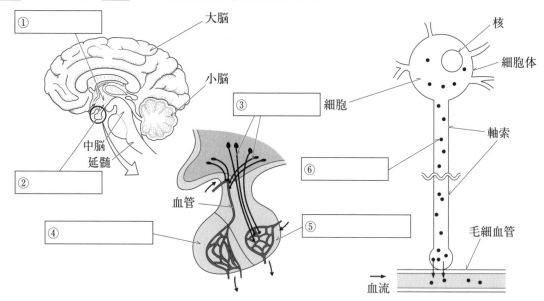

① _____　大脳

小脳

③ _____　細胞

中脳
延髄

② _____

血管

④ _____

⑥ _____

⑤ _____

核

細胞体

軸索

毛細血管

血流 →

2 生体内ではさまざまなホルモンの分泌がフィードバックで調節されている。

□ **2** 次の文の①～④の（　）に適する語句を答えなさい。

チロキシンは（①　　　　　　　　　　　）から分泌される甲状腺刺激ホルモンの支配を受けているが，甲状腺刺激ホルモンは（②　　　　　　　）から分泌される放出ホルモンの支配を受けている。

チロキシン濃度の高い血液が脳下垂体前葉に流入すると，甲状腺

刺激ホルモンの分泌は抑制される。このように結果が原因にさか
のぼって調節するしくみを（③　　　　　　　　）という。チ
ロキシン濃度による（③）は（②）でも見られ，放出ホルモンの
分泌も抑制される。これらの抑制的にはたらく（③）を特に（④
　　　　　）という。

□ **3**　次の文を読んで，あとの問いに答えなさい。

　　血液中のカルシウム濃度は副甲状腺から分泌されるパラトルモ
ンというホルモンのフィードバックによって調節される。パラト
ルモンは骨に作用し，骨からカルシウムが溶け出すように促す。

(1)　血液中のカルシウム濃度が低いとき，パラトルモンの分泌は
　　増加するか，減少するか，答えなさい。　　（　　　　　　）

(2)　(1)の結果，血液中のカルシウム濃度が高くなった。副甲状腺
　　はそれを感じて，パラトルモンの分泌を増加させるか，減少さ
　　せるか，答えなさい。　　　　　　　　（　　　　　　）

(3)　(2)のような調節は正，負どちらのフィードバックですか。
　　　　　　　　　　　　　　　　　　　　　　（　　　）

3 (1)カルシウム濃度
が低いならば，濃度
を上げる必要がある。
骨からカルシウムが
溶け出せば，濃度は
上がる。
(2)は(1)の逆である。

□ **4**　次の①〜⑪にあてはまる
語句を下記の語群より選びな
さい。ただし，同じ語を何度
使用してもよい。

イヌA　　　イヌB
すい静脈　　　大たい静脈

大たい静脈　　　大たい動脈
図の矢印は血液が流れる方向を示す。
血糖調節の実験模式図

〔実験1〕イヌ**A**にインスリン
　を注射したところ，（①
　　　　　）の作用でイヌ**A**の（②
　　　）から（③　　　　）が出る。
これがイヌ**B**へ流れると（④
　　　）から（⑤　　　　）が生産さ
れ，イヌ**B**の血糖濃度は（⑥
　　　）。

〔実験2〕イヌ**A**にグルコースを注射したところ，（①）の作用
でイヌ**A**の（⑦　　　　）から（⑧　　　　）が出る。これがイヌ**B**
へ流れると（⑨　　　）から（⑩　　　　）が生産され，イヌ**B**の
血糖濃度は（⑪　　　　）。

〔語群〕　**ア**　低下する　　**イ**　上昇する　　**ウ**　すい臓
　　エ　糖　　**オ**　グリコーゲン　　**カ**　フィードバック
　　キ　グルカゴン　　**ク**　インスリン

4　イヌ**A**のすい臓
から分泌されたホル
モンは，チューブを
通ってイヌ**B**に送
られ，イヌ**B**でそ
のはたらきを行う。
　グリコーゲンは分
解されると**グルコー**
スになる。

⑲ さまざまな恒常性の調節

解答▶別冊P.10

🖊 POINTS

1 血糖濃度……血液中のグルコース濃度を血糖濃度（血糖値）といい，つねに約0.1%に保たれている。

① **血糖濃度が高いとき（食後）**…間脳視床下部が感知し，**副交感神経**を通じて，すい臓ランゲルハンス島B細胞に**インスリン**の分泌を促す。インスリンが正常に分泌されないと**糖尿病**になり，合併症になることもある。

② **血糖濃度が低いとき（空腹時）**…間脳視床下部が感知し，**交感神経**を通じて，すい臓ランゲルハンス島A細胞に**グルカゴン**の分泌を，副腎髄質に**アドレナリン**の分泌を促す。間脳視床下部は放出ホルモンも分泌し，放出ホルモンは脳下垂体前葉に副腎皮質刺激ホルモンの分泌を促す。その結果，副腎皮質から**糖質コルチコイド**が分泌される。

2 体液の恒常性

① **体液濃度**…体液の水分不足や塩類濃度の上昇を**間脳視床下部**が感知すると，脳下垂体後葉から**バソプレシン**を分泌し，**細尿管での水の再吸収が促進**される。

　一方，多量の水分摂取などで体液濃度が低下した場合，バソプレシンの分泌は抑制され，**細尿管での再吸収が抑制**される。

② **体温**…寒さを間脳視床下部が感じると，代謝を上げるために血糖濃度が低くなったときと同様の反応が見られる。その他，**交感神経**を通じて心拍を上げたり，放射熱を抑えるよう皮膚に促したりする。

　暑さを感じると，**副交感神経**を通じて，心拍抑制，代謝抑制が促され，発熱が抑えられる。

□ **1** 次の図中の▢の中に適当なホルモンの名称を記入しなさい。

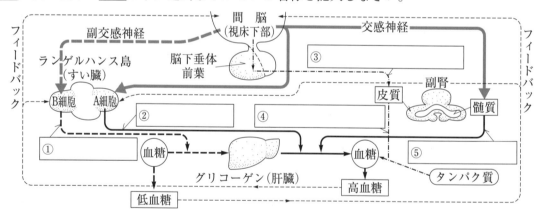

□ **2** 次の文の①〜⑤の（　）に適する語句を答えなさい。

　ヒトが寒さを感じたとき，唇（くちびる）が青くなったり，鳥肌（とりはだ）がたったりしていることに気づく。これは寒さを（①　　　　　）が感じると，（②　　　　　）神経を通じて，皮膚の毛細血管を収縮させたり，立毛筋を収縮させたりして，熱が逃げないようにしているからである。この他にも体内では，発熱量を上げるために代謝を促進させるホルモンである（③　　　　　），（④　　　　　），（⑤　　　　　）が分泌される。

✅ Check

↳ **2** 代謝を促進するホルモンと血糖濃度を上げるホルモンには同じものがある。

□ 3 図は体液濃度の変化によるバソプレシンの分泌量の変化と水分の再吸収の変化を示している。空欄に増加か減少のいずれかを記入しなさい。

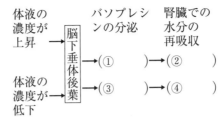

↳ **3** バソプレシンが分泌されると，水分の再吸収が促進される。

□ 4 次の文を読み，問いに答えなさい。

ヒトの血液中に含まれるグルコースは血糖とよばれる。血糖は絶えず呼吸基質として消費されるため，血液中ではつねに一定範囲内の濃度になるように，調節を受けている。例えば，食事などにより血糖濃度が増加すると，図のように，すい臓からホルモンAが分泌され，肝臓や骨格筋の細胞に作用し，（①　　　）の合成を促す。そのため，血糖濃度は減少する。

一方，空腹期間が長いと血糖濃度が減少する。その結果，すい臓からホルモンBが分泌され，肝臓の細胞に作用し，貯蔵されている（①）の分解が促進される。

また，自律神経のうち，（②　　　）は副腎髄質にもはたらいて，血糖濃度を増加させる（③　　　）が分泌される。

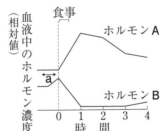

↳ **4** 食事をすると血糖濃度は上昇する。そのため，血糖濃度を下げるホルモンは増加し，血糖濃度を上げるホルモンは減少する。すい臓から分泌される血糖濃度に関わるホルモンは**インスリン**と**グルカゴン**である。

(1) 文中の①～③に適切な語句を記入しなさい。

(2) 図はホルモンの血中濃度の変化を示したものである。ホルモンAとホルモンBそれぞれの名称を書きなさい。

A（　　　　　　） B（　　　　　　）

(3) 図のaの期間中に起こる反応として正しいものを以下のア～オの中から1つ選びなさい。　　（　　　）

ア　成長ホルモンの分泌が増すことで，血糖の補給が行われる。

イ　アミラーゼの分泌が増すことで，アミノ酸分解が促進される。

ウ　ホルモンBの分泌が増すことで，尿量が増加する。

エ　ホルモンBの分泌が増すことで，細尿管によるグルコースの再吸収が促進される。

オ　チロキシンの分泌が増すことで，末梢における酸素消費の上昇を防ぐ。

〔日本女子大－改〕

⑳ 免 疫

解答▶別冊P.10

✎ POINTS

　体内に細菌やウイルスなどの異物が侵入しないようにするしくみを**生体防御**という。生体防御は物理・化学的防御と２つの**免疫**（自然免疫，獲得〔適応〕免疫）に分けることができる。

1 物理・化学的防御

① **物理的防御**

　　a.**皮膚**…表面を覆う**表皮**と深部の**真皮**からなる。ケラチンとよばれるタンパク質でできた角質層は，体内の水分の蒸発を防ぎ，体外からの異物侵入を防ぐ。

　　b.**粘膜**…皮膚に覆われていない部位は，**粘膜**によって保護される。

② **化学的防御**…涙や唾液には細菌の細胞壁を分解する**リゾチーム**という酵素が含ま

れる。また，皮膚や粘膜には細菌の細胞膜を破壊する**ディフェンシン**などが含まれるほか，酸性になっている。

2 自然免疫

① **食作用**…白血球の一種である**マクロファージ**（単球），**好中球**，**樹状細胞**は，体内に侵入した異物を細胞内にとり込んで消化する。また，これらの細胞はまわりの細胞にはたらきかけ，**炎症作用**などを引き起こす。

② **感染した細胞の除去**…異物が細胞内にまで侵入した場合，**NK細胞**（ナチュラルキラー細胞）というリンパ球が感染した細胞を認識し，攻撃・排除する。

□ **1**　次の図中の□□の中に適当な語句を記入しなさい。

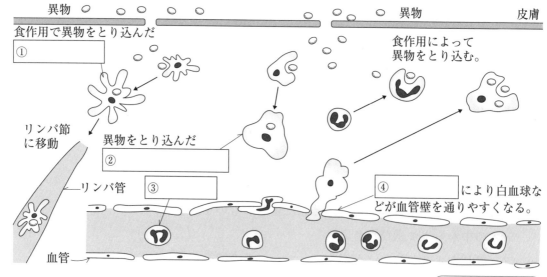

□ **2**　次の文の①〜⑨の（　）に適する語句を答えなさい。

　ヒトのからだは細菌にとって栄養のつまった，いわば『お菓子の家』である。そのためヒトのからだは細菌などの異物につねに侵入される危険がある。これに対してからだは多くの防御機構を備えている。これを（①　　　　　　）という。（①）は大きく分けて３段階ある。

✓**Check**

↳ **2** 自然免疫は多くの動物に見られるが，獲得免疫は脊椎動物しかもっていない。

1つ目は物理・化学的防御といわれるもので，物理的に侵入を防ぐ皮膚や，体外に分泌する抗菌作用に優れたさまざまな液をさす。例えば，涙は細菌のきらう（②　　　）性であり，細菌の細胞壁を破壊する（③　　　　　）という酵素を含む。

1つ目の防御機構をすり抜けて体内に入った異物は2つ目の防御機構で排除される。それは昆虫など多くの動物に見られる（④　　　　）とよばれる反応である。ヒトでは（⑤　　　），（⑥　　　　），（⑦　　　）の3種類の白血球が異物をとり込んで消化して，排除する。このとき，皮膚が赤くなる（⑧　　　　）が見られる。

3つ目は（⑨　　　　）とよばれる反応で原始的な動物にはない防御機構である。

□ **3** 右図は皮膚の表面の構造である。次の問いに答えなさい。

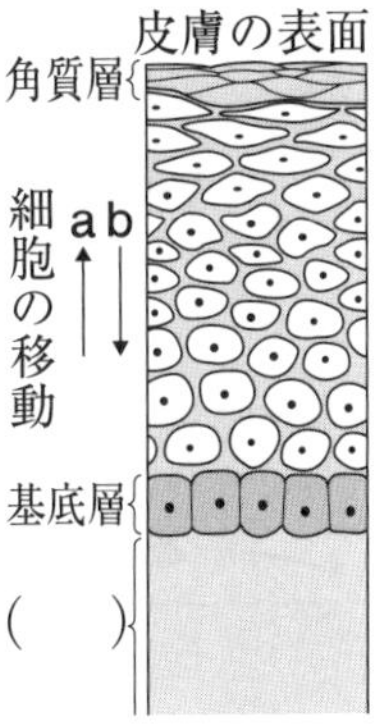

(1) 図の空欄にあてはまる語句を答えなさい。
（　　　）

(2) 新しくできた細胞はa，bどちらに移動しますか。（　　　）

(3) 角質層を形成するタンパク質の名称を答えなさい。（　　　）

(4) 角質層の説明で正しいものを2つ選びなさい。（　　）（　　）

ア　体内の水分の蒸発を防ぐ。　イ　細菌をとり込む。
ウ　白血球からつくられる。　エ　体外からの異物侵入を防ぐ。

□ **4** 次の文を読んで，あとの問いに答えなさい。

ヒトの体内に侵入した細菌やウイルスなどの異物は，体液中の白血球に分類される単球の一種である（①　　　　　　）や好中球によりとり込まれ，排除される。これを白血球の（②　　　　）とよぶ。また，（①）や好中球と同様に，白血球に分類されるリンパ球は免疫をつかさどる細胞として重要であり，これらのリンパ球が関わる免疫反応は大きく2種類に分類される。

(1) 文中の①，②に適語を記入しなさい。

(2) 下線部の示す2種類の免疫の名称を答えなさい。
（　　　）（　　　）〔三重大一改〕

3 新しくつくられた細胞は内側から外側に移動する。そのため，異物は外へ押し出される。

4 白血球はアメーバ運動をすることが知られている。
仮足を伸ばし，異物をとり込み，消化して排除する。これを**食作用**という。

41

㉑ 獲得免疫

解答▶別冊P.11

🖊 POINTS

1 細胞性免疫

① **リンパ球による抗原の認識**…自然免疫で異物をとり込んだ樹状細胞はリンパ節に移動し, 消化した異物の一部(**抗原**)を細胞表面に出す(**抗原提示**)。この抗原と結合できるリンパ球(**T細胞**)がいた場合, 結合して活性化, 増殖する。

② **細胞性免疫反応**…T細胞は**キラーT細胞**や**ヘルパーT細胞**になる。キラーT細胞は抗原をもつ異物に感染した細胞を見つけて攻撃, 細胞ごと排除する。ヘルパーT細胞はマクロファージの食作用を増強させる。

③ **記憶細胞**…増殖したT細胞の一部は**記憶細胞**となって残る。記憶細胞は再度, 異物が侵入したときに, 即座に免疫を活性化させる。このしくみを**免疫記憶**という。

2 体液性免疫

① **B細胞の活性化**…リンパ球の一種である**B細胞**は, 独自に抗原と結合する。抗原と結合したB細胞は, すでに活性化し増殖したヘルパーT細胞と結合して, 活性化する。増殖して, 多くは**抗体産生細胞(形質細胞)**となり, 一部は**記憶細胞**となる。

② **抗体**…抗体産生細胞からつくられる**免疫グロブリン**というタンパク質。抗原と結合する**抗原抗体反応**を起こす。抗原抗体反応を起こした異物は毒性の低下, 増殖の抑制が見られ, 食作用を受けやすくなる。

③ **免疫記憶**…B細胞の記憶細胞も免疫記憶である。異物が初めて侵入した際に起こる免疫反応を**一次応答**, 二回目の侵入以降の免疫記憶に基づく免疫反応を**二次応答**という。

□ **1** 次の図中の □ の中に適当な語句を記入しなさい。

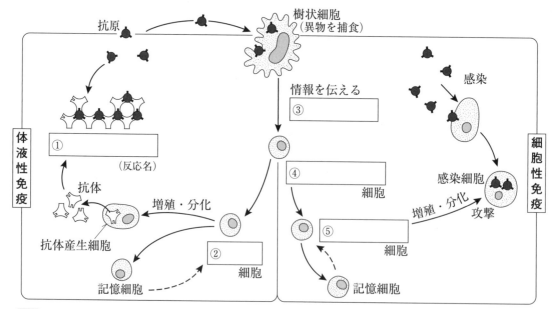

□ **2** 次の文の①～⑧の( )に適する語句を答えなさい。

獲得免疫の始まりは樹状細胞が異物をとり込んだあと, 異物を断片化して, 細胞の表面に(①)することで始まる。次にリンパ球の一種である(②)が(①)を受けて活

✓ Check

↪ **2** T細胞は細胞性免疫, 体液性免疫ともに関与する。

性化，増殖する。（ ② ）のうち（③ 　　　　　　　　　）は異物に感
染した細胞を攻撃する。これらの免疫は（④ 　　　　　　　　）という。
　また（ ② ）のうち（⑤ 　　　　　　　）はマクロファージ
を活性化して食作用を強化する。（ ⑤ ）はリンパ球の一種である
（⑥ 　　　　　　）も活性化させる。（ ⑥ ）は（⑦ 　　　　　　）に
分化して抗体をつくる。抗体は抗原と特異的に結合して，異物を
不活性化して排除しやすくする。この免疫を（⑧ 　　　　　　　　）
という。

B 細胞は体液性免
疫にのみ関与する。

□ **3** 右図は抗原 **A** に対する抗
体 **A** の血中濃度をグラフにし
たものである。抗体 **A** の二次
応答は①〜④のどの曲線にな
るか答えなさい。（ 　　　　　 ）

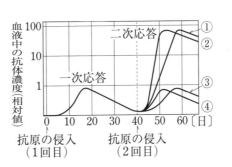

↰ 3 二次応答は一次応
答より迅速に，多量
の抗体をつくり出す。

□ **4** 次の文章を読み，問いに答えなさい。
　免疫には，（① 　　　　　　　　　）と細胞性免疫がある。（ ① ）
では，生体に侵入した異物が樹状細胞の（② 　　　　　　　）により
とり込まれ分解されたあと，樹状細胞の細胞表面に抗原として提
示される。この抗原の情報を受けとったT細胞は活性化されて（③
　　　　　　）細胞になり，増殖して，（④ 　　　　）細胞を活性
化する。活性化された（ ④ ）細胞は，分裂して増殖したあと，抗
原と特異的に結合する抗体を産生し，血液中に放出する。抗原と
抗体の特異的な結合は，（⑤ 　　　　　　　　）とよばれる。抗
体は（⑥ 　　　　　　　　）とよばれるタンパク質である。ま
た免疫には，<u>一度侵入した抗原を記憶し，再度同じ抗原が侵入し
た場合にきわめて迅速，有効に免疫反応を誘起する性質</u>がある。
これは抗体産生細胞の一部が（⑦ 　　　　　　　）となって，ある
期間にわたって体内に残るためである。すなわち同じ抗原が侵入
したとき（ ⑦ ）がただちに分化・増殖して大量の抗体をつくるよ
うになる。この反応を（⑧ 　　　　　　）とよぶ。
(1) 文中の①〜⑧に適する語句を答えなさい。
(2) 下線部の性質を何といいますか。（ 　　　　　　　 ）〔鳥取大一改〕

↰ 4 ヘルパーT細胞
は獲得免疫において
中心的な役割を果た
す。

22 ヒトの免疫に関する病気と医療

✏ POINTS

1 ヒトの免疫に関する病気

① **アレルギー**…免疫が過剰反応することを**ア レルギー**という。アレルギーの抗原は**アレル ゲン**という。アレルゲンが花粉の場合を**花 粉症**という。また，特に強い炎症反応などが 現れる場合，**アナフィラキシーショック**とよぶ。

② **自己免疫疾患**…関節リウマチなど，自身 の正常な細胞に反応し，攻撃することを **自己免疫疾患（自己免疫病）**という。

③ **HIV**…ヒト免疫不全ウイルス（**HIV**）はヘ ルパーT細胞に感染する。その結果，ヘ ルパーT細胞の数が減少すると，獲得免 疫がはたらかなくなる**後天性免疫不全症 候群（AIDS）**を引き起こし，**日和見感染**と いってカビなど弱い菌に感染してしまう。

2 医療

① **拒絶反応**…他者の皮膚や臓器を移植する と，ふつう定着しない。これを**拒絶反応**と いう。これは移植した細胞を非自己と認識 し，キラーT細胞に攻撃されるからである。

② **予防接種**…弱毒化，無毒化した病原体や 抗原が発現するmRNAなどを抗原として 接種し，免疫記憶をつくることを**予防接 種**という。接種する物質は**ワクチン**という。

③ **血清療法**…ウサギやウマに抗原を接種し て抗体をつくらせ，抗体を含む**血清（抗 血清）**を回収する。抗血清はヒトの体内 でも効果があるので，ヘビ毒など一刻を 争う場合，有効である。これを**血清療法** という。

□ **1** 次の図中の ☐ の中に適当な語句を記入しなさい。

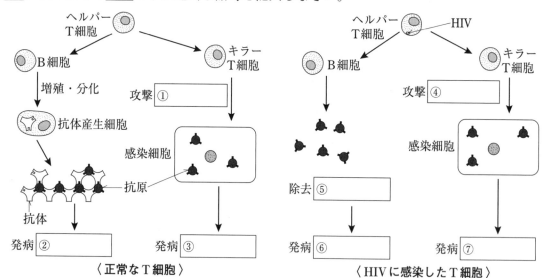

〈正常なT細胞〉　　〈HIVに感染したT細胞〉

□ **2** 次の文の①〜③の（　）に適する語句を答えなさい。

アレルギーの原因となる抗原のことを（①　　　　　　）と いい，食品やハウスダスト，花粉などが有名である。花粉で引き 起こされるアレルギーは特に（②　　　　　）という。また（　①　） がハチ毒の場合，強い炎症反応が全身に現れることがある。これ を（③　　　　　　　　　）という。

✓ Check

↪ **2** ハチ毒により死者 が出るのは，毒その ものの影響ではなく， アナフィラキシー ショックのためであ る。

3 次にあげた項目に関連する言葉を**ア〜オ**から選びなさい。

(1) あらかじめ弱毒化，無毒化した病原体などを接種し，免疫記憶をつくる。　　　　　　　　　　　　　　　（　　　）

(2) 関節リウマチなど，自身の正常な細胞に過剰反応し，攻撃する。　　　　　　　　　　　　　　　　　　　（　　　）

(3) 日和見感染といってカビなど弱い菌に感染する。（　　　）

(4) ヘビ毒など一刻を争う場合に血清を注射する。（　　　）

(5) 臓器移植の際は免疫抑制剤が必要である。　　（　　　）

　　ア 血清療法　　**イ** 自己免疫疾患　　**ウ** ワクチン
　　エ AIDS　　　　**オ** 拒絶反応

4 次の文を読んで，あとの問いに答えなさい。

　生体内でつくられた抗体は抗原と結合する。その結合を抗原抗体反応とよぶ。<u>a抗体は侵入した抗原と反応し，病原体や毒素などの異物を排除する</u>。このしくみを（①　　　　　　）とよぶ。一方，抗体に関係なく，（②　　　　　　）が直接抗原を排除する反応を（③　　　　　　）とよぶ。異なる系統の個体の皮膚や臓器を移植すると，移植された細胞は非自己として認識され，活性化した（ ② ）が移植片の細胞を直接攻撃するため，一般に移植された皮膚や臓器は定着しないで脱落する。これを<u>b拒絶反応</u>という。

(1) 文中の①〜③に適する語句を答えなさい。

(2) 下線部**a**に関する記述の作用を利用して感染症を防御するため，以下の2つの方法を行っている。（　）にそれぞれの方法名を答えなさい。

　① ヒトや動物に抗原を注射する方法を（　　　　　）という。

　② ヒトや動物に抗体（血清）を注射する方法を（　　　　　　）という。

(3) 下線部**b**の記述について実験を行った。**A**および**B**という2つのマウスの系統があり，系統**A**マウスの皮膚を系統**B**マウスへ移植したところ，移植片は10日ほどで脱落した。同じ**B**マウスに再び系統**A**マウスの皮膚を移植すると，どのような反応が起こるか，**ア〜エ**から1つ選びなさい。（　　　）

　ア 移植片は5日ほどで脱落。　**イ** 移植片は10日ほどで脱落。
　ウ 移植片は20日ほどで脱落。　**エ** 移植片は脱落せずに定着。

〔弘前大―改〕

第1章　第2章　第3章　第4章　第5章

3 AIDS は後天性免疫不全症候群ともよばれる。

4 拒絶反応に関係するキラーT細胞も記憶細胞に分化するので，免疫記憶をもちうる。

45

23 さまざまな植生

解答▶別冊P.12

✏ POINTS

1 環境要因……生物の生活に影響を与える要因。

例 光，水，大気，温度，土壌

2 生活形……ある地域の環境要因に反映された生物の形態。

例 寒冷地の植物は冬に葉を落とす。

3 バイオーム(生物群系)……ある地域の生物集団。バイオームは特にその地域に生育する植物の生活形に特徴づけられる。

例 砂漠，草原，森林。

4 植生……ある地域に生息する植物全体の集団。森林，草原，荒原に分類される。

① **相観**…植生の外観上の様相を**相観**という。

例 背丈の低い草が多い，尖った葉の高木が多いなど。

② **優占種**…相観を決定づける，その地域で最も面積を占有している種を**優占種**という。

例 日本に見られる草原の優占種はススキが多い。

5 森林の階層構造……日本の典型的なバイオームである森林は上から，**高木層，亜高木層，低木層，草本層，地表層**からなる。特に森林の最上部を**林冠**，最下部を**林床**とよぶ。この構造を**階層構造**という。

暴風や落雷などにより樹木が倒れ，林冠があくと，光がさし込む**ギャップ**という場所ができる。ギャップでは初めに成長のはやい樹が育ち，次いで優占種に置き変わる。このような更新を**ギャップ更新**という。

6 土壌……地表から，落ち葉でできた**落葉層**，落ち葉が微生物などにより分解されてできた**腐植層**，岩石などが風化してできた層，**母岩**からなる。腐植層では有機物などが粒状になった**団粒構造**が見られる。

□ **1** 次の図中の □ の中に適当な語句を記入しなさい。

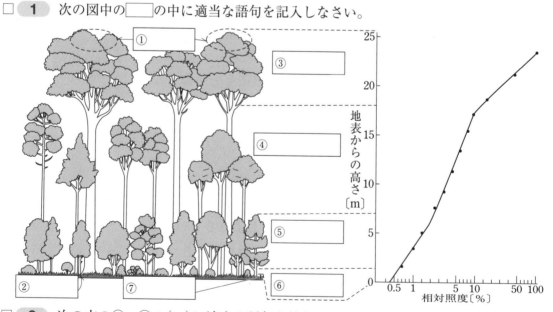

□ **2** 次の文の①～⑤の( )に適する語句を答えなさい。

家庭菜園をつくるとき，まず土づくりから始める。その際，一般的に落葉が分解されてできる腐葉土を混ぜる。腐葉土は土の中で有機物が粒状になった(① 　　　　　　)がつくられるため，

✓ Check

↳ **2** 土壌は重要な環境要因で，落葉層，腐植層，母岩からなる。

保水，通気に優れた植物の成長に適した土である。

　自然の中でも，植物の成長に適した肥沃（ひよく）な土壌は（　①　）が見られる。土壌のいちばん底の風化前の岩石を（②　　　　）という。その上の落葉が分解された（③　　　　）と，落葉で形成された（④　　　　）が厚いほど，肥沃である。植物にとって土壌は生活に大きな影響を与える（⑤　　　　　）である。

□ **3**　右下図はブナ林でできた小さなギャップと大きなギャップそれぞれのギャップ更新である。次の問いに答えなさい。

(1)　次の原因でできるのは，a 小さなギャップ，b 大きなギャップどちらですか。

① 枯死（こし）　　　（　　）
② 山火事　　　（　　）
③ 落雷　　　　（　　）
④ 大規模伐採　（　　）

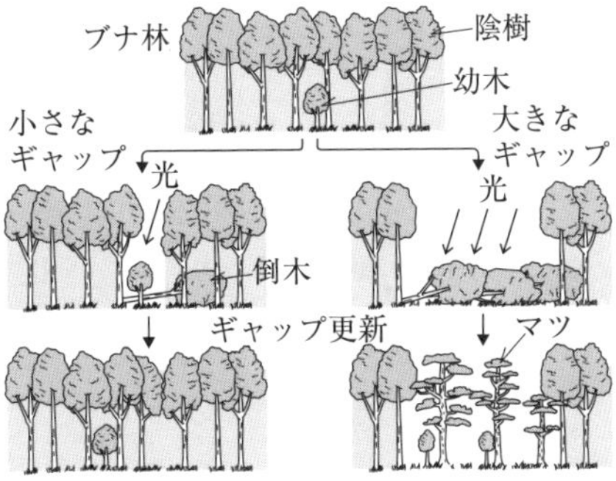

(2)　この森林のブナのような広い面積を占有する種を何といいますか。（　　　　　）

(3)　大きなギャップの更新ではブナより先にマツが生えている。これにはどのような理由が考えられますか。

（　　　　　　　　　　　　　　　　　　　　　　　　）

↳ **3**　(3)大きなギャップでは光が十分にさすので，**マツ**が生えてくる。

□ **4**　次の文を読んであとの問いに答えなさい。

　森林は台風，伐採，山火事などさまざまなかく乱を受け，頻繁（ひんぱん）に破壊されている。しかし，多くの場合，破壊部分は林内に生息している稚樹（ちじゅ）や土壌中の植物や種子の発芽によって自然に再生する。自然林では樹木が階層的に分布しており，上層から（①　　　　）層，（②　　　　）層，（③　　　　）層，（④　　　　）層，地表層が発達することが多い。森林のかく乱は，上層木の単木的な枯死による小さなギャップから，山火事や森林伐採など数百ヘクタールにおよぶものまである。

(1)　文中の①～④に適する語句を答えなさい。

(2)　下線部について，ギャップの再生のことを何といいますか。また，この再生の過程で，初めに伸びる樹の特徴は何ですか。

　　（　　　　　　　　）　特徴（　　　　　　　）〔岐阜大－改〕

↳ **4**　(2)ギャップが再生されるときには，初めに成長のはやい樹木がよく伸びる。しかし，その後，成長は遅いがより背の高くなる優占種によって光を遮（さえぎ）られて枯死し，とってかわられる。

㉔ 光環境の変化

解答▶別冊P.12

✏ POINTS

1 **光合成**……植物は光合成と呼吸を同時に行っている。光環境が変化した場合，呼吸量は一定だが，光合成量は変動する。

① **見かけの光合成速度**…光合成速度から呼吸速度を引いたもの。

② **光補償点**…呼吸と光合成の速度が等しく，見かけの光合成速度が0になる光の強さ。

③ **光飽和点**…それ以上光を強くしていっても光合成速度が変化しない，このときの限界の光の強さをいう。

2 **陽生植物と陰生植物**……光補償点，光飽和点とも高い植物を**陽生植物**といい，光補償点，光飽和点とも低い植物を**陰生植物**という。陽生植物は日あたりのよい環境で生育し，陰生植物は林床など日あたりの悪い環境で生育する。陽生植物の樹木を**陽樹**，陰生植物の樹木を**陰樹**という。

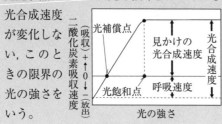

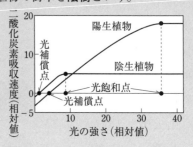

□ **1** 次の図中の▭の中に適当な語句を記入しなさい。

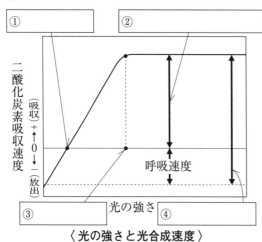

〈光の強さと光合成速度〉

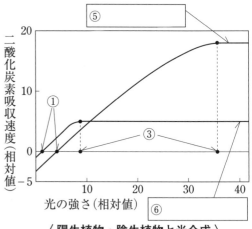

〈陽生植物・陰生植物と光合成〉

□ **2** 次の文の①～⑥の（　）に適する語句を答えなさい。

明るい草原や，雑木林の林床には強い光が差す。光が強いときは陽樹の苗と陰樹の苗では（①　　　　　）の苗の方が光（②　　　　　）点が高く，光合成速度が速いので育ちが良い。しかし，暗い森の林床では光が弱く，（③　　　　　）の苗は光（④　　　　　）点が高いので，光合成量より（⑤　　　　　）量が多くなると育つことができない。一方，（⑥　　　　　）の苗は弱い光でも育つことができる。

● **Check**

↳ **2** 植物の成長には，光補償点より強い光が必要である。

□ **3** 図を見て問いに答えなさい。

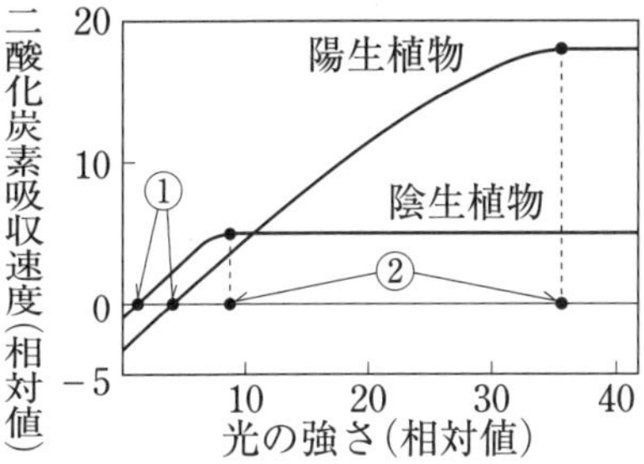

(1) ①・②の名称を答えなさい。

①（　　　　　）

②（　　　　　）

二酸化炭素吸収速度（相対値）／光の強さ（相対値）

(2) 草原の光の強さが30のとき，よく育つのは陰生植物と陽生植物のどちらですか。（　　　　　）

(3) 森林の林床の光の強さが5のとき，よく育つのは陰生植物と陽生植物のどちらですか。（　　　　　）

(4) 陰樹の森で大規模なギャップ更新が起こったとき，

① すぐに成長するのは陰生植物と陽生植物のどちらですか。（　　　　　）

② 100年後に育っているのは陰生植物と陽生植物のどちらですか。（　　　　　）

□ **4** 次の植物を A 陰生植物と B 陽生植物に分類しなさい。

(1) ヒマワリ（　　　）　　(2) シダ（　　　）

(3) ブナ（　　　）　　(4) マツ（　　　）

(5) ススキ（　　　）　　(6) シイ（　　　）

□ **5** 次の文を読んで，あとの問いに答えなさい。

　樹木は光合成の特性から，陰樹と陽樹に大別される。陰樹は陽樹と比較して，暗い環境下に耐えて生育する性質がある耐陰性が（①　　　　　）が，明るい環境下では生育速度が（②　　　　　）。林冠層が閉鎖した林内では，暗いため陽樹の芽は生育できないが，陰樹の芽は生育し，ゆっくりとではあるが成長を続けることができる。陽樹には，風によって散布される微小な種子を大量に生産する樹種が多い。また，陽樹の種子は，土の中で長期間生存し，光があたると発芽するものが多い。

(1) 文中の①・②に適する語句を答えなさい。

(2) 下線部に相当する陰樹と陽樹の光－光合成曲線（光の強さと二酸化炭素吸収量の関係を示す曲線）を右の図中に描き入れ，それぞれの曲線について『光補償点』『光飽和点』の位置を示しなさい。

二酸化炭素吸収量／光の強さ

〔岐阜大－改〕

3 陽生植物は成長がはやいが，光補償点が高いので光が強くないと枯死してしまう。

4 シダはワラビの仲間。ブナは日本の原生林で見られる。シイはブナ科の常緑樹。

5 陰樹は成長が遅いが，光が少量でも生育できる。そのため，暗い森林の林床でも少しずつ成長することができる。

25 植生の遷移

✎ POINTS

1 遷移……生物は周囲の環境にはたらきかけて，環境を変化させる。これを**環境形成作用**という。この結果，相観が変化することを**遷移**という。

2 一次遷移……土壌がない環境（例 火山の溶岩で覆われた地表）から始まる遷移。

① **乾性遷移**…陸上の裸地から始まる遷移をいう。乾性遷移は地衣類，コケ植物が侵入して，少しずつ土壌を形成するところから始まる。これらを**先駆種（パイオニア種）**という。次に草本が侵入し，草原が形成される。土壌が豊かになると，樹木が侵入する。これを**先駆樹種**という。樹木

による森林が形成されると最後は**極相林**となる。極相林は主に**極相樹種**で形成される。遷移の最後を**極相（クライマックス）**といい，日本では極相は極相林である。しかし，環境要因が異なると極相が草原の場合もある。

② **湿性遷移**…湖沼から始まる遷移をいう。湿性遷移では湖沼に土砂が堆積して浅くなり，湿地を経て草原となる。草原以降の遷移は乾性遷移と同じ。

3 二次遷移……山火事などで植生は破壊されたが，埋土種子や地下茎などの有機物を含む土壌がある環境から始まる遷移。すでに土壌はできているので，急速に遷移が進む。

□ **1** 次の図中の □ の中に適当な語句を記入しなさい。

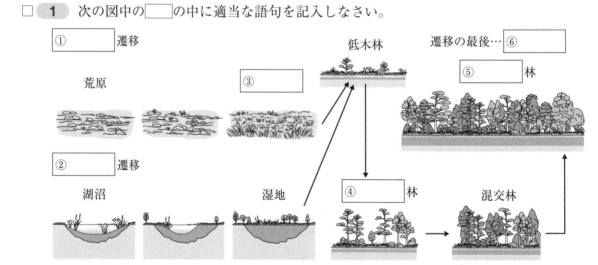

① □ 遷移

荒原

③ □

低木林

遷移の最後…⑥ □

⑤ □ 林

② □ 遷移

湖沼　　　湿地　　　④ □ 林　　　混交林

□ **2** 次の文の①～⑧の（　）に適する語句を答えなさい。

生物は環境にはたらきかけ，植生内の光や土壌の環境を変えていく。これを（① 　　　　　）という。この変化にともない，長い年月の間に，植生を構成する植物の種類や植生の相観が移り変わっていく。これを（② 　　　）という。（②）は火山の噴火によってできた裸地や湖沼から始まる（③ 　　　），森林火災などが起こった場所から始まる（④ 　　　）がある。（③）は乾燥した裸地で始まる（⑤ 　　　）と，湖沼から始まる（⑥ 　　　）とがある。（④）はすでに，土壌が形成

✔ Check

↳ **2** 遷移には，一次遷移と二次遷移があるが，二次遷移のほうが一次遷移よりもはやく進行する。

されているが，（　③　）では土壌を形成する段階から始まる。（　②　）は土壌が豊かになるにつれ，草原→低木林→陽樹林→陰樹林と進む。最終的に安定した植生を形成するが，これを（⑦　　　　）という。（　⑦　）に達した森林を（⑧　　　　　　）という。

□ **3**　1991 年長崎県雲仙普賢岳が噴火した。山肌の水無川地区の多くでは火砕流による堆積物に覆われ，中尾川地区の多くでは火砕流による森林の焼損被害が出た。次の問いに答えなさい。

(1)　水無川地区で始まる遷移は何ですか。　　　（　　　　　　　）

(2)　中尾川地区で始まる遷移は何ですか。　　　（　　　　　　　）

(3)　現在の水無川地区の植生はススキなどの草原である。次にどのような植生が見られると考えられますか。　（　　　　　　　）

(4)　現在の中尾川地区ではどのような植生が見られると考えられるか，木本が育つ年月を考慮して答えなさい。

（　　　　　　　　　　　　　　　　　　　　　　　）

□ **4**　次の文を読んで，あとの問いに答えなさい。

ある地域の環境は一時的には安定しているようにみえるが，長い年月の間には個体数や構成種が変化している。このような変化を（①　　　　　）という。陸上で始まる（　①　）には，<u>山火事などから始まる（②　　　　　　）</u>と，溶岩流跡などから始まる（③　　　　）がある。（　①　）が進行した結果，大きな変化が見られなくなって安定した状態を（④　　　　）とよぶ。

(1)　文中の①〜④に適する語句を答えなさい。

(2)　下線部の過程は，下に示した順に進んでいく。空欄に適切な語句を記入しなさい。　裸地→（**A**　　　　）→低木林→

（**B**　　　　）→混交林→（**C**　　　　）

(3)　下線部の過程で出現する植物は気候帯によって異なる。右の表の，比較的あたたかい温帯における下線部の各段階を代表する植物①〜⑤を下記の**ア**〜**コ**の語群から選びなさい。

①（　　　）　②（　　　）　③（　　　）

④（　　　）　⑤（　　　）

ア　コケ植物　　**イ**　シダ植物　　**ウ**　トウヒ

エ　シラビソ　　**オ**　シラカンバ　　**カ**　ブナ　　**キ**　コナラ

ク　スダジイ　　**ケ**　ヤマツツジ　　**コ**　ススキ　　〔岩手大−改〕

↳ **3**　一次遷移では草本が侵入したあと，陽樹が先駆樹種として侵入する。

一方，二次遷移では土壌が残っているので，土壌中のさまざまな種子が発芽する。草本に混じって少しずつ樹木も成長するが，大きく成長するには 10 年以上かかる。

↳ **4**　同じ陽樹でも，コナラはあたたかい温帯で見られるが，シラカンバは冷温な温帯で見られる。

同様に陰樹の場合，スダジイはあたたかい温帯で見られるが，ブナは冷温な温帯で見られる。

シラビソは針葉樹林に見られる。

植生	代表する植物
裸地	①
A	②
低木林	③
B	④
C	⑤

㉖ 気候とバイオーム

解答▶別冊P.13

📝 POINTS

1 世界のバイオーム……森林，草原，荒原に大別される。バイオームは植生に大きな影響を与える降水量と気温でほぼ決定される。

① **森林**…降水量の多い地域に見られる。気温が高い地域から順に**熱帯多雨林**，**亜熱帯多雨林**，**雨緑樹林**，**照葉樹林**，**硬葉樹林**，**夏緑樹林**，**針葉樹林**へと変化している。

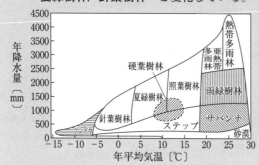

② **草原**…降水量の少ない地域に見られる。気温が高い地域から順に**サバンナ**，**ステップ**へと変化している。

③ **荒原**…降水量が非常に少ない地域に見られる。気温が高い地域から順に**砂漠**，**ツンドラ**へと変化している。

2 日本のバイオーム

① **水平分布**…緯度による分布で，南から順に亜熱帯多雨林，照葉樹林，夏緑樹林，針葉樹林と広がる。

② **垂直分布**…バイオームは標高でも変化する。高度の低いほうから**丘陵帯**，**山地帯**，**亜高山帯**，**高山帯**に分けられる。亜高山帯と高山帯の境界を**森林限界**といい，それより高くなると森林がなくなる。

□ **1** 次の図中の ☐ の中に適当な語句を記入しなさい。

○世界のバイオーム

① ( ), 亜熱帯多雨林
②
③
④
⑤
⑥
⑦
⑧
⑨

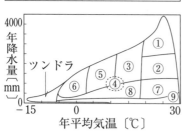

○日本のバイオーム

⑩ ☐ 分布

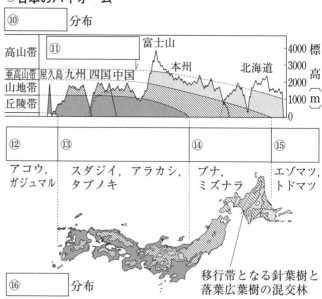

移行帯となる針葉樹と
落葉広葉樹の混交林

⑯ ☐ 分布

□ **2** 次の文の①～⑥の（ ）に適する語句を答えなさい。

次の図は，日本のバイオームの（① ）分布を示している。この図とは別に（② ）分布を表したものもある。図の（ ① ）分布の上部から（③ ）帯といい，背の高い樹木の

52

ない高原である。その下は（④　　　　　　　　）
帯といい，その下は（⑤　　　　　　）帯とい
い，夏緑樹林で構成される。また，最も下
を（⑥　　　　　　）帯という。

高度〔m〕
2500
（森林限界）
1500
700

ハイマツ
コマクサ
シラビソ
コメツガ
ブナ
ミズナラ
スダジイ
（南部）タブノキ（北部）

第1章　第2章　第3章　第4章　第5章

✔Check

2 日本中部では標高
ごとに丘陵帯に照葉
樹林，山地帯に夏緑
樹林，亜高山帯に針
葉樹林が分布する。

3 温暖な地域のほう
が樹種は増える傾向
にある。
　針葉樹は針のよう
な葉をしている。
　高山帯に森林は形
成されない。

□ **3** 次の(1)・(2)の問いに答えなさい。

(1) ①〜⑤に示すバイオームの説明として最も適した文を，下の
ア〜オの説明文からそれぞれ1つ選びなさい。また，バイオー
ム③〜⑤については，優占種となりうる植物を説明文の下に示
す植物名からそれぞれ2つ選んで記入しなさい。

〔バイオーム〕　①熱帯多雨林（　　　　　）　　②亜熱帯多雨林（　　　　　）

　③照葉樹林（　　　　　　）　　④夏緑樹林（　　　　　　）

　⑤針葉樹林（　　　　　　）

〔説明文〕　ア　一年を通じて高温・多雨な地域よりやや緯度
　　　が高く，気温が低くなる時期がたまにあるこの地域では，
　　　常緑広葉の森林が分布するが，その種類は比較的少ない。

　　イ　温帯に広がり，葉につやのある常緑広葉樹が優占種となる
　　　この森林では，高木層に優占種をもち樹種はさほど多くない。

　　ウ　やや高緯度である亜寒帯に広がり，常緑ではあるが長い
　　　冬の寒さに耐えられる森林である。ここでは極端に植物の
　　　種類が減り，数種の高木が優占種である。

　　エ　比較的気温が低く，寒い冬のある温帯に広がり，冬に葉
　　　を落とし夏に緑の葉が茂る落葉広葉樹が優占種となる森林
　　　である。

　　オ　一年を通じて高温・多雨な地域で常緑広葉の高木が多く
　　　生息するこの森林は地球上で最も樹木の種類が多く，つる
　　　植物や着生植物も多い。

〔植物名〕　カシ，ブナ，シイ，クリ，ヤシ，エゾマツ，トドマツ

(2) 本州中部の植物の垂直分布帯は高度の低いほうから，丘陵帯，
山地帯，亜高山帯，高山帯に分けられる。これらの分布帯のバ
イオームとして適当なものを，(1)の①〜⑤からそれぞれ1つ選
び，記号で答えなさい。①〜⑤に適当な選択肢がない場合は『な
し』と記入すること。

丘陵帯（　　　　）　　山地帯（　　　　）

亜高山帯（　　　　）　　高山帯（　　　　）〔岡山大一改〕

27 生態系

解答▶別冊P.14

POINTS

1 生態系……多くの生物からなる**生物的環境**とそれらの生物をとり巻く**非生物的環境**に分けられる。非生物的環境が生物に影響を与えることを**作用**といい、生物が非生物的環境に影響を与えることを**環境形成作用（反作用）**という。

① **生産者**…無機物から有機物をつくる植物。

② **消費者**…生産者がつくった有機物を利用する生物。生産者を食べるものを**一次消費者**、一次消費者を食べるものを**二次消費者**という。

③ **分解者**…有機物を無機物に分解する**菌類・細菌類**などをいう。

2 食物連鎖……生態系には食うもの（捕食者）、食われるもの（被食者）といった関係が見られる。このようなつながりを**食物連鎖**という。食物連鎖は網のように複雑につながっているので、食う食われるの関係全体を**食物網**という。食物網の中で上位に位置し、生態系に大きな影響を与える種を**キーストーン種**という。

3 生態ピラミッド……食物連鎖の生産者から始まる各段階を**栄養段階**という。この栄養段階ごとの生物個体数をグラフにとると上位消費者ほど数が少なくなる。このグラフを**個体数ピラミッド**という。栄養段階ごとの生物の総重量でグラフをとっても、一部例外はあるものの、ほぼ同様のグラフが描ける。これを**生物量ピラミッド**という。これらをまとめて**生態ピラミッド**という。

□ **1** 次の図中の□の中に適当な語句を記入しなさい。

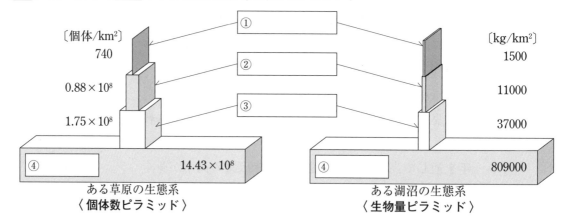

ある草原の生態系〈個体数ピラミッド〉　ある湖沼の生態系〈生物量ピラミッド〉

Check

□ **2** 次の文の①～⑥の（ ）に適する語句を答えなさい。

生態系は、非生物的環境と（① ）に分けられる。（①）は無機物から有機物をつくる（② ）、（②）を食べる（③ ）と、（③）を食べる（④ ）と、有機物を無機物に分解する（⑤ ）などに分けられる。

これらは捕食者、被食者の関係にあり、これは網の目のように複雑につながっているので（⑥ ）という。

2 一般に、個体数や生産量について、次の関係がある。生産者＞一次消費者＞二次消費者

□ **3** 次の文を読み，あとの問いに答えなさい。

　近年，カモシカの食害が問題になっている。カモシカは草食で葉や芽を好んで食べるが，食べつくした場合，樹木の皮をも食べて樹木を枯死させてしまう。昭和初期までは日本にカモシカの天敵であるニホンオオカミが生息し，カモシカが増えすぎることはなかった。しかし，ニホンオオカミが絶滅したあと，ある地域では森全体を枯死させるまでにカモシカが激増するようになった。

(1) 文中の生態系で生産者，一次消費者，二次消費者，分解者はどれですか。ただし，該当するものがない場合は『なし』と書くこと。

① 生産者（　　　　　　）　② 一次消費者（　　　　　　　）

③ 二次消費者（　　　　　　　　　）

④ 分解者（　　　　　　）

(2) 樹木，カモシカ，ニホンオオカミのように食う食われるの鎖^{くさり}のような関係を何といいますか。　　　（　　　　　　　）

(3) ニホンオオカミのように生態系に大きな影響を与える生物を何といいますか。　　　　　（　　　　　　　）

(4) 森を維持^{いじ}するためにはどのような方法をとればよいですか。

（　　　　　　　　　　　　　　　　　）

□ **4** 次の文を読んで，あとの問いに答えなさい。

　生物の生活に何らかの影響を与える外界の要因のすべてを環境とよぶ。環境要因は，大きく（①　　　　　　　　　）要因と（②　　　　　）要因の２つに分けることができる。

　温度や光などの（　①　）が生物の生活に影響をおよぼすことを（③　　　　　）といい，反対に生物が生活することで環境に影響をおよぼし，これを変化させることを（④　　　　　　　）という。

(1) 文中の①〜④に適する語句を答えなさい。

(2) ある森林では，生産者の総生産量（一定時間に光合成によって生産した全有機物量）が2650，呼吸量が1450であった。次の問いに答えなさい。なお，単位は乾量^{かんりょう} g/(m²・年)とする。

① 純生産量を答えなさい。　　　　（　　　　　　　）

② 被食量と枯死量の合計が700のときの生産者の成長量を答えなさい。　　　　　　　　（　　　　　　　）〔三重大－改〕

↳ **3** カモシカの数が減少すれば，森は再生する。現在日本ではカモシカを狩^かる方法が主流である。

　しかし，アメリカでは同じような事例で，オオカミをヨーロッパからとりよせ，過剰に増えた一次消費者を一定数に減らすことに成功した。

↳ **4** (2)光合成によって生産した量から呼吸によって使用される量を引いたものが，植物のからだに残る純生産量である。

純生産量＝総生産量
　　　　－呼吸量

　純生産量から食べられる量，枯死する量を引いたものが，成長量である。

成長量＝純生産量－
　　被食量－枯死量

28 生物多様性とその維持

解答▶別冊P.14

✎ POINTS

1 **生物多様性**…次の３つの視点で考える。

① **遺伝的多様性**…同種内で遺伝子が多様であること。

② **種多様性**…ある生態系における生物の種が多様であること。

③ **生態系多様性**…森林・草原・河川などのそれぞれの環境に対応した生態系の種類が多様であること。

2 **種多様性の維持**

① **かく乱**…生態系やその一部を破壊するような外的要因を**かく乱**という。適度のかく乱は種多様性につながる。

② **ギャップ更新**…弱いかく乱で、森林にいて倒木などで林冠にできたすき間を**ギャップ**という。ギャップから差し込む光で陽生植物が育つ遷移を**ギャップ更新**といい、種多様性につながる。

③ **間接効果**…食物網の中の捕食者の存在が捕食・被食の関係で直接つながっていない生物の存在にも影響を与えることを**間接効果**という。上位の捕食者の存在が被食者の種多様性につながる。

④ **環境アセスメント**…強い人為的なかく乱は多様性を破壊する。自然環境を維持する為に、土地開発が生態系に与える影響を調査することを**環境アセスメント**という。

□ **1** 次の図中の □ の中に適当な語句を記入しなさい。

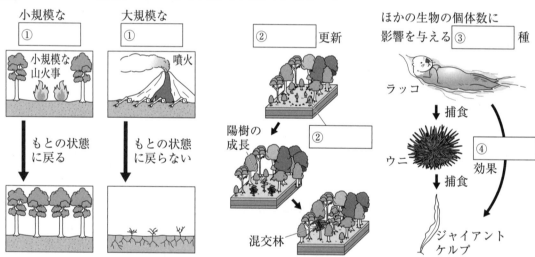

□ **2** 里山は多様な環境が存在するので、生物多様性が高くなる。このことについて次の文の中から適切な説明をすべて選びなさい。

ア 複数の環境を利用して生きるカエルやトンボのような生物には生態系多様性が必要である。

イ 種多様性の維持には強すぎるかく乱が必要である。

ウ 植物種の多様性は光、水、土壌、気温などの非生物的環境が、空間的にあるいは時間的に変化することでもたらされるが、生物的環境による影響は受けない。

✅ **Check**

2 イ 里山は人間が樹木の間引きや草刈りなどの適度なかく乱を行うことで種多様性を維持していると考えられる。

エ　森林の階層構造が発達することで，森林の中に多様な光環境が生まれ，多くの樹木の種が生育できるようになる。

オ　森林にギャップができると陽樹が陰樹を排除するため，森林における樹木の種多様性が低くなる。

カ　種多様性が高い生態系は種多様性が低い生態系と比べ，かく乱を受けた場合に物質生産，種類数，個体数を一定の範囲内で安定させることが難しい。　　　　　（　　　　　　）〔岐阜大一改〕

☐ **3**　ある海岸において，ヒトデを頂点とした食物網が観察できた。実験区を区切り，実験区 **A** は手を加えず，もう一方の実験区 **B** ではヒトデを駆除した。一年後，**A** 区に生息する貝類を数えると15種であったが，**B** 区では9種に減少していた。また，**A** 区では海藻が見られたが，**B** 区には海藻は見られなかった。

(1)　以上の実験からこの海岸での多様性の維持には，ヒトデは生息(する・しない)方がよい。（　）内のいずれかに○をつけなさい。

(2)　ヒトデは海藻を捕食しないが，ヒトデの生息の有無が海藻の繁茂に関係している。このような現象を何といいますか。

　　　　　　　　　　　　　　　　　　（　　　　　　　　）

> **Q確認**
> ### キーストーン種
> 　生態系内で食物網の上位に位置し，生態系を構成するほかの生物の個体数に影響を与える生物種をキーストーン種という。

☐ **4**　次の文章を読み，あとの問いに答えなさい。

　地球上に存在する生物種はさまざまな環境で生息し，多種多様である。生物のさまざまな違いや複雑さを a生物多様性という。生態系やその一部を破壊する外的要因を（　①　）といい，噴火による溶岩流や大規模な山火事などの自然現象，人間の活動による b宅地開発などがあげられる。（　①　）の規模がそれほど大きくない場合，森林においては（　②　）が出現し，地表面まで強い光が届くようになるため，陽生植物が生育できるようになり種が多様になる。

(1)　文中の①，②に適する語句を答えなさい。

　　　　　　　　　①（　　　　　）　②（　　　　　　）

(2)　下線部 a について，ある生態系の生物の種類の多様性のことを何といいますか。　　　　　　（　　　　　　　）

(3)　下線部 b について，開発計画の段階で，開発が環境へ及ぼす影響を調査することを何といいますか。（　　　　　　　）

〔京都工繊大一改〕

↳ **4**　(1)①には，火山の噴火や台風による強風，大雨による河川の氾濫などの自然の影響によるものと，土地の開発や汚染などの人間の影響によるものがある。

㉙ 生態系のバランスと保全

解答▶別冊P.15

📝 POINTS

1 人間の活動と生態系……人間が生態系に影響を与えることで，生物多様性が損なわれる。

① **外来生物**…人間の活動によって本来の生息場所から別の場所にもち込まれた生物をさす。移入先の生態系に大きな影響を与える外来生物は**侵略的外来生物**という。オオクチバス，ブルーギル，マングースなどがある。

② **生物濃縮**…特定の物質（農薬で使われたDDTや水俣病の原因となった有機水銀など）が食物連鎖の中で栄養段階の上位の生物ほど高濃度で蓄積する現象。

③ **地球温暖化**…化石燃料の燃焼など，人間の活動で排出された**温室効果ガス**により，気温が上昇している現象。

④ **水質汚染**…川や海の汚れは微生物の活動により浄化されていく。これを**自然浄化**という。自然浄化の限界を上回る汚染を**富栄養化**といい，海では**赤潮**，湖沼では**アオコ**（水の華）といった現象を引き起こす。

⑤ **絶滅危惧種**…絶滅の恐れがある生物をさす。絶滅危惧種を絶滅の危険性で分類したリストを**レッドデータブック**という。

⑥ **生態系サービス**…人間が生態系から受けているさまざまな恩恵を生態系サービスという。食料や燃料の供給（供給サービス），大気や水の浄化（調整サービス），土壌の形成や二酸化炭素の吸収（基盤サービス），レジャー（文化的サービス）などがある。

□ **1** 次の図中の□□□の中に適当な語句を記入しなさい。

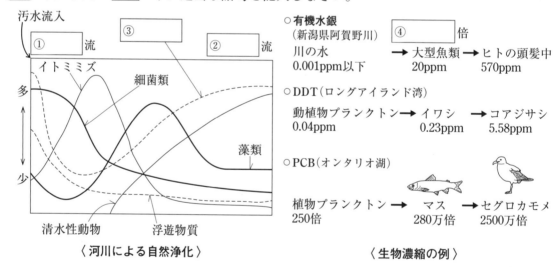

〈河川による自然浄化〉　〈生物濃縮の例〉

□ **2** 次の文の①〜⑤の（　）に適する語句を答えなさい。

　人間活動は環境にさまざまな影響をおよぼす。例えば生活排水は生物にとって栄養が豊富であるので，湖沼や海の（① 　　　　　）をもたらす。（　①　）の結果，特定の植物プランクトンが異常発生し，湖沼では（② 　　　　　），海では（③ 　　　　　）という現象が起こる。

　また，人間は太古の動植物の有機物でできた（④ 　　　　　）

✅ **Check**

2 植物プランクトンの色で湖沼や海が染まるのでアオコや赤潮という。

を燃料として利用している。（　④　）は燃焼する際に（⑤

　）を発生させる。

□ **3**　近年，人間活動が活発になり，外来生物によって本来の生態
系がかく乱される問題が報告されている。次の問いに答えなさい。

(1)　日本の湖沼で見られる侵略的外来生物を 2 つ答えなさい。

　　　　　（　　　　　　　　　　　）（　　　　　　　　　　　）

(2)　侵略的外来生物の影響で絶滅の恐れがある在来種を何といい
ますか。また，そのような種を分類したリストを何といいます
か。　　　　　（　　　　　　　　）種　（　　　　　　　　　）

□ **4**　次の 13〜16 番目の持続可能な開発目標(SDGs)のうち，生態
系サービスが関わっているものをすべて選びなさい。（　　　　　）

13　気候変動に具体的な対策を　　14　海の豊かさを守ろう

15　陸の豊かさも守ろう　　　　　16　平和と公正をすべての人に

□ **5**　次の文を読んで，あとの問いに答えなさい。

　近年，活発化する人間活動によって生態系の安定がゆらぎ，生
態系に大きな変化が起こっている事例が多く見られる。例えば，
a 人間によって意図的あるいは偶然にもち込まれた動植物は，生
態系にさまざまな影響をおよぼしている。また通常，生態系内の
河川や海に放出された有機物は，水中での希釈や土壌への吸着と
いった①（環境拡散・自然浄化・生態緩衝）によって減少してい
くが，人間の生活排水などに含まれる多量の有機物が流入した
場合には②（貧栄養化・富栄養化）による水質汚染を引き起こす。
排出される有機物の中には b 動植物に対する毒性が高い合成化学
物質が含まれている場合もある。

(1)　下線部 a に該当しないものを選びなさい。　　　（　　　　）

　ア　セイタカアワダチソウ　　イ　セイヨウタンポポ

　ウ　キタキツネ　　エ　ブタクサ　　オ　ヒメジョオン

　カ　アメリカシロヒトリ

(2)　①，②として適当なものを選びなさい。

　　　　　　　　　　　①（　　　　　　　）　②（　　　　　　　）

(3)　下線部 b と関係がないものはどれですか。　　　（　　　　）

　ア　生物濃縮　　イ　環境ホルモン　　ウ　温暖化　〔明治大一改〕

↳ **3**　水生の侵略的外来生物は食料として，もしくは遊漁(スポーツフィッシング)のために放流された場合が多い。

　在来生物はその土地に元来生息していた生物で，その土地にしか生息しない固有種であることもある。

↳ **5**　国名がついていたり，名称が『セイヨウ…』となっていたりするものは外来生物である。

　二酸化炭素の毒性は低いが，温室効果ガスとして問題となっている。

解答▶別冊P.16

1 次の文を読んで，あとの問いに答えなさい。

　現在広く用いられている（ ① ）レンズと（ ② ）レンズの2枚のレンズから構成される顕微鏡は，16世紀後半から17世紀にかけて発明されたといわれている。その後，17世紀中頃に，（ ③ ）は顕微鏡を自分で組み立て，コルクの切片を観察した。彼は，ハチの巣のような A多数の小部屋のような構造を発見し，その小部屋を細胞と名づけた。同じ頃，原生生物や細菌などの単細胞の微生物が，ガラスビーズ玉を用いて作製された顕微鏡によって発見された。その後，19世紀の中頃になって，（ ④ ）が生きた植物体に，また，（ ⑤ ）が生きた動物体に細胞を発見し， B細胞説が提唱されるようになった。また，その頃，ブラウンは顕微鏡観察によって細胞内に球形の構造体を発見し，（ ⑥ ）と命名した。

(1)　文中の①〜⑥に最も適切な語句を答えなさい。

(2)　下線部Aの小部屋のような構造は，死んだ植物細胞のどの構造か答えなさい。

(3)　下線部Bの細胞説を簡単に説明しなさい。

〔愛知教育大－改〕

(1)	①		②		③	
	④	⑤	⑥		(2)	
(3)						

2 次の文を読んで，あとの問いに答えなさい。

　染色体は，真核生物の（ ① ）内にある遺伝物質をになった構造体で，細胞分裂中期に顕微鏡で最もはっきり観察できる。体細胞には，ふつう形や大きさと遺伝子構成が同じ染色体が2本ずつあり，これを（ ② ）という。（ ② ）の片方は父親，他方は母親から由来したものである。

　植物の根や茎頂の先端部には，体細胞分裂が継続して行われる（ ③ ）がある。そのため，体細胞分裂の観察にはよく用いられる。植物の根端の体細胞分裂の観察手順は以下の通りである。

1．発根させた植物体から根端を切りとる。

2．根端をエタノールと酢酸を3：1の体積比で混合した溶液で固定する。

3．固定した A根端を60℃に加温した塩酸（1 mol/L）に浸す。

4．根端をスライドガラスに載せ，先端を2〜3 mm程切りとり，酢酸オルセイン液を滴下して染色する。

5．カバーガラスをかけ， Bろ紙ではさんで押しつぶし，顕微鏡で観察する。

(1)　文中の①〜③に最も適切な語句を答えなさい。

(2)　下線部Aを何というか。漢字2文字で答えなさい。

(3)　下線部Bの目的を簡単に説明しなさい。

〔徳島大－改〕

(1)	①	②	③	(2)
(3)				

3 次の文を読んで，あとの問いに答えなさい。

　健常人では血液中のグルコース量（血糖濃度）はほぼ一定に保たれている。血糖濃度の調節はホルモンと自律神経を介して行われ，その中枢は（ ① ）にある。血糖濃度が減少すると副腎髄質から（ ② ）

が，（ ③ ）のランゲルハンス島 A 細胞からは（ ④ ）が分泌され，肝臓でのグリコーゲンの分解を促進し血糖濃度を増加させる。食事などで血糖濃度が一時的に増加した場合は，ランゲルハンス島 B 細胞から（ ⑤ ）が分泌され，血糖濃度は減少し正常に戻る。

　健常人では血液中のグルコースは腎臓の（ ⑥ ）で再吸収を受けて尿中に出ることはないが，何らかの原因で（ ⑤ ）の分泌が不足するとグルコースが尿中に排出されるようになる。このような病気を（ ⑦ ）といい，ランゲルハンス島 B 細胞が破壊されたり，体質や不規則な食生活や過食，運動不足などが原因で発病したりする。後者は脳卒中，高血圧症，高脂血症なども含めて（ ⑧ ）ともよばれる。

(1)　文中の①〜⑧に入る適切な語句を答えなさい。

(2)　②・④以外に血糖濃度を増加させる作用を示すホルモンの名称を 2 つ答えなさい。　〔長崎大一改〕

(1)	①		②		③		④		⑤	
⑥		⑦		⑧		(2)				

4　植生について，次の問いに答えなさい。

(1)　植生の遷移に関する次の文中の①〜④に入る最も適当な語句を答えなさい。

　　植物の群落が，その地域の気候条件下で最大の植物現存量を維持している状態を極相とよぶ。湿潤温暖な気候では（ ① ）が極相で，遷移はその前の段階にさかのぼって（ ② ），低木林，（ ③ ），荒原を経てきており，出発点は裸地である。気候条件が悪く植物の生育が不良な地域，例えば厳しい乾燥地での極相は（ ④ ），極端な低温加湿地での極相はツンドラで，両地域では森林は形成されない。

(2)　図は世界のバイオーム（極相）と気温・降水量との関係を示したものである。A〜J は主要なバイオームで，線または点線で生育範囲を示している。このうち F は硬葉樹林である。図中の B，D，E，I のバイオームを答えなさい。

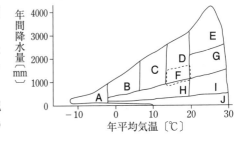

(3)　以下の文章①〜⑥は森林のバイオームについての記述である。①〜⑥に該当するバイオームは，右の図の A〜J のどれか。1 つずつ選び記号で答えなさい。

①　全バイオームのなかで，構成樹種が最も多く，さらに階層構造が最も発達している。近年の急速な減少が地球環境の変化に影響を与えていると考えられる。

②　天然の建築用材，パルプ材などの供給源である。ときとして大規模な山火事で焼失することもある。北半球にのみ分布する。

③　生育期は雨季で，乾季に落葉する樹木からなる。①と同じく 20 世紀後半からの過度の伐採や農地への転換で著しく減少している。

④　生育期は夏季で，冬季に落葉する樹木からなる。人類の活動のため残存面積は少ない。

⑤　常緑樹からなり，大陸の東側に分布する。その地域では夏に降雨が多く，冬に乾燥する。人類の活動のため残存面積は少ない。

⑥　常緑樹からなり，大陸の西側に分布する。その地域では冬に降雨が多く，夏に乾燥する。年間降水量は⑤より概して少ない。人類の活動のため残存面積は少ない。　〔広島大一改〕

(1)	①		②		③		④		(2)	B		D	
E		I			(3)	①		②		③		④		⑤		⑥	

1 一般的な動物細胞の模式図を見て，次の問いに答えなさい。

(1) 細胞内部には特定の機能を分担している多くの構造体が見られるが，それらを総称して何といいますか。

(2) 図の①・②の構造体の名まえと機能をそれぞれ示しなさい。

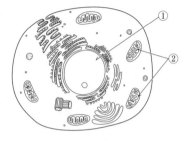

(3) 次の文章に適切な語を入れなさい。

　図の②の構造体は(a)と(b)で二重に包まれており，その(b)によって囲まれた内部は(c)とよばれる。また，(b)が内部に突出してひだ状になったものは(d)とよばれる。

(4) ②で見られる反応の式を書きなさい。

〔京都工芸繊維大一改〕

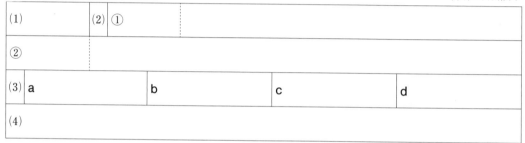

(1)		(2) ①		
②				
(3) a		b	c	d
(4)				

2 ヒトの血糖濃度の調節機構について，次の問いに答えなさい。

(1) 図のa〜lに適当な語を入れなさい。

(2) m, nはそれぞれ血糖濃度の変化を表している。正しい組み合わせを表の**ア**〜**カ**から１つ選びなさい。

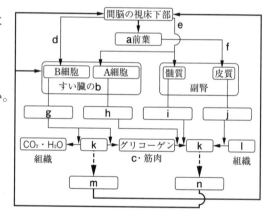

	m	n
ア	血糖濃度が増加する	血糖濃度が減少する
イ	血糖濃度が減少する	血糖濃度が増加する
ウ	血糖濃度が増加する	血糖濃度は変化しない
エ	血糖濃度は変化しない	血糖濃度が増加する
オ	血糖濃度は変化しない	血糖濃度が減少する
カ	血糖濃度が減少する	血糖濃度は変化しない

(3) 血糖濃度について，間違っているものを１つ選びなさい。

　ア 健常者の血糖濃度はつねに一定である。　　**イ** 糖尿病患者の血糖濃度は，健常者よりも高い。

　ウ 血糖濃度を調節するホルモンは注射で与えても効くものがある。

　エ 間脳の視床下部は，血糖濃度の増減を感知している。

　オ すい臓に，血糖濃度の増加を感知する細胞がある。

(4) 図のdとeから構成される神経系を何とよぶか，答えなさい。

(5) 図では最終的な結果が再び最初の段階に作用して，反応全体を調節している。このようなしくみを何というか，答えなさい。

〔愛媛大一改〕

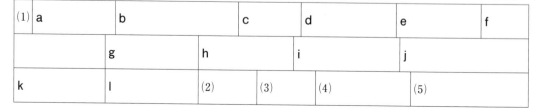

(1) a		b	c	d	e	f
		g	h	i	j	
k		l	(2)	(3)	(4)	(5)

3 次の文を読んで，あとの問いに答えなさい。

バイオームの分布は，温度や降水量などの環境要因に大きく影響される。平地では，赤道から緯度が増すにしたがって温度は低下するが，この温度分布の変化や気候帯の違いに対応して，バイオームも分布している。このようなバイオームの地理分布を（ ① ）という。また，気温は高度（標高）が1000 m 増すごとにおよそ 5 ～ 6℃ずつ低下し，（ ① ）と似たようなバイオームの分布が低地から高地にかけても見られる。これを（ ② ）という。例えば，日本の本州中部では，高度700 m までの低地帯にA照葉樹林が，約1500 m までの山地帯にB夏緑樹林が，その上の亜高山帯にC針葉樹林が分布し，約2500 m で高木の森林が見られなくなる（ ③ ）に達する。（ ③ ）より上は高山帯となり，ハイマツなどの低木林やお花畑（高山草原）となる。

(1) 文中の①～③に適切な語句を記入しなさい。

(2) 下線部 A ～ C に該当する樹木を以下からすべて選択し，記号で答えなさい。

ア トドマツ　　**イ** ブナ　　**ウ** クスノキ　　**エ** エゾマツ　　**オ** キバナシャクナゲ
カ シラビソ　　**キ** メヒルギ　　**ク** ミズナラ　　**ケ** オリーブ　　**コ** チーク
サ スダジイ　　**シ** ゲッケイジュ

〔弘前大—改〕

(1)	①		②		③		(2)	A		B		C	

4 次の文を読んで，あとの問いに答えなさい。

生態系は，それを構成するa3つの生物群集（生産者，消費者，分解者）のはたらきによって維持されている。生産者は光合成や化学合成によって（ ① ）から生産者自身の活動に必要な（ ② ）をつくり出す。生産者によって生産された（ ② ）は食物連鎖によって消費者にも利用される。生産者や消費者の排出物や遺体は分解者によって（ ① ）に変えられ，再び生産者に利用される状態になる。

自然の生態系は長い年月にわたる物質の循環を通じて安定した状態に保たれてきたが，人間の活動の増大にともない，多くの変化が生じるようになってきた。例えば，生活排水に含まれる（ ② ）の量が分解者の分解できる能力を大幅に超えてしまうと，水質の汚濁が引き起こされる。また，工場などからの排水には多量の重金属が含まれている場合があり，これがb食物連鎖によって高次の消費者に高い濃度で蓄積されると，そのからだに異常を引き起こすことがある。さらに，人間の活動の結果，排出される多種多様な化学物質の中にはc動物の内分泌作用に異常を引き起こすものも存在する。

(1) 文章中の①・②に入る最も適切な語句を答えなさい。

(2) 下線部 a に関連して，次の①～④のそれぞれにあてはまるものを下の A または B の生物群の中から選んで答えなさい。

　① 陸上生態系における生産者のうち重要なものを A 群から2つ。
　② 海洋生態系における生産者のうち重要なものを A 群から1つ。
　③ 草原生態系における最も高次な消費者を B 群から2つ。
　④ 主として分解者としてはたらくものを A 群から2つ。

　〔A 群〕魚類，菌類，草，昆虫，細菌類，樹木，植物プランクトン，鳥類，動物プランクトン
　〔B 群〕アリ，イタチ，ウサギ，クモ，スズメ，タカ，ネズミ，バッタ，ハト，ヘビ，ワシ

(3) 下線部 b に関連して，このような現象を何とよびますか。

(4) 下線部 c に関連して，このような物質を何とよびますか。

〔岡山大—改〕

(1)	①		②		(2)	①		②	
③			④			(3)		(4)	

装丁デザイン　ブックデザイン研究所
本文デザイン　未来舎
ＤＴＰ　スタジオ・ビーム
図　版　ユニックス

本書に関する最新情報は, 小社ホームページにある**本書の「サポート情報」**をご覧ください。(開設していない場合もございます。)
なお, この本の内容についての責任は小社にあり, 内容に関するご質問は直接小社におよせください。

高校 トレーニングノートα 生物基礎

編著者　高校教育研究会
　　　　　　　　　　大西岳人
発行者　岡　本　明　剛
印刷所　ユ　ニ　ッ　ク　ス

発行所　受験研究社

© 株式会社 増進堂・受験研究社

〒550-0013 大阪市西区新町2丁目19番15号

注文・不良品などについて：(06)6532-1581(代表)／本の内容について：(06)6532-1586(編集)

解 答・解 説

第1章 | **生物の特徴**

① 探究活動と顕微鏡を使った観察 (*p.2〜p.3*)

1 ① 接眼レンズ ② レボルバー
③ 対物レンズ ④ ステージ
⑤ 反射鏡 ⑥ 調節ねじ

解説 ① 接眼ミクロメーターをセットできる。
② 対物レンズを切り替えるために使う。
③ プレパラートに接触しないよう気をつける。
④ プレパラートや対物ミクロメーターをセットする。
⑤ 観察に必要な光を送る。
⑥ ピントを合わせるために使う。

2 図書館で図鑑や資料などを使って調べる。
インターネットで検索をして調べる。
先生など詳しい人に聞いてみる。など

解説 疑問に思ったことがあれば，自分で調べることが重要である。インターネットは手軽に調べることができるので，便利である。

3 (1) 100 倍 (2) 固定
(3) 酢酸オルセイン，酢酸カーミンなど

解説 (1) 倍率＝接眼レンズの倍率×対物レンズの倍率となるので，$10 \times 10 = 100$〔倍〕
(2) 固定には酢酸やエタノールなどを混合したカルノア液がよく使われる。
(3) 酢酸オルセイン，酢酸カーミンは核の染色体を赤く染める作用がある。

4 (1) 12 μm (2) 84 μm

解説 (1) 対物ミクロメーターと接眼ミクロメーターの目盛りが重なった所を 2 か所探す。その間の対物ミクロメーターの目盛り数と接眼ミクロメーターの目盛り数を数え，その値を次の式に代入する。

接眼ミクロメーターの 1 目盛り
$= \dfrac{\text{対物ミクロメーターの目盛り数}}{\text{接眼ミクロメーターの目盛り数}} \times 10 \mu m$
$= \dfrac{6(\text{目盛り})}{5(\text{目盛り})} \times 10 \mu m = 12 \mu m$

(2) 同じ倍率で物体を観察すれば，ここで調べた接眼ミクロメーターの 1 目盛りの大きさから物体の大きさを調べることができる。

$12 \mu m \times 7 (\text{目盛り}) = 84 \mu m$

🔒**重要事項 ミクロメーター**

接眼ミクロメーターは接眼レンズの中に入れて使う円形のミクロメーターで，目盛りは等間隔についている。接眼ミクロメーターは接眼レンズの中に入れて使うので，ピントに関係なく，はっきりと見ることができる。

対物ミクロメーターは，ステージ上に置き，測定基準にするスライドガラス形のミクロメーターで，1 目盛りの長さは 10μm である。

---

5 (1) 分解能
(2) ① イ ② オ ③ ア ④ エ ⑤ カ ⑥ ウ
(3) a. 光学 b. 電子

解説 (3) 光学顕微鏡は光を用いて観察するが，電子顕微鏡は電子線を用いて観察する。

② 生物の共通性 (*p.4〜p.5*)

1 ① 葉緑体 ② 液胞 ③ 細胞壁
④ 核 ⑤ ミトコンドリア
⑥ 細胞質基質 ⑦ 細胞膜

解説 ① 植物細胞のみに見られ，内部に膜構造が見られる。
② 植物細胞で大きく発達する。
③ 細胞をとり囲むようにある。動物細胞には見られない。
④ 両方の細胞にあり，最も大きな構造体である。
⑤ 両方の細胞にあり，内部に膜構造が見える。
⑥ 細胞内の液体部分をさす。
⑦ 細胞質の最も外側にある。

2 (1) ① ミトコンドリア ② 葉緑体
③ 細胞膜 ④ 細胞壁 ⑤ 核
(2) ① ウ ② オ ③ ア ④ イ ⑤ エ
(3) ②，④

解説 ① 二重膜をもっているのは核かミトコンドリアか葉緑体で，内膜のひだはミトコンドリアの特徴である。この内膜で ATP を生成する。
③ 細胞の内外で物質の移動が制限されるので，Na^+ の輸送にはエネルギーが必要になる。
④ セルロースはじょうぶなので，からだを支えることもできる。
⑤ 核には遺伝情報をになう **DNA** が存在する。

③ (1)① 水 ②タンパク質 ③脂質 (2)図2
(3)炭水化物は植物細胞に特有の細胞壁のもと
であるセルロースの成分だから。

🔍**解説** (2)動物細胞には酵素やホルモンとして存在
するタンパク質が多く含まれる。
(3)細胞壁の主成分はセルロースである。

③ 生物の多様性　　　　　　　　(p.6～p.7)

❶ ①140 ②10 ③60 ④30 ⑤20 ⑥5
⑦8 ⑧80

🔍**解説** ここでは，右の100 μmの目盛りから点線
の幅が10 μmであることがわかれば，目盛りを数
えて求めることができる。
①0.1 mmより少し大きいと覚えておこう。
②1目盛り分で，標準的な真核単細胞の大きさ。
③6目盛り分である。
④3目盛り分で，標準的な動物細胞の大きさ。
⑤2目盛り分である。
⑥目盛り半分程度。
⑦ヒトの赤血球の大きさは覚えておくとよい。
⑧8目盛り分で，植物細胞は動物細胞よりも大きい。

> 🎯**ミスポイント　細胞の大きさ**
> 　白血球20μm（リンパ球は7～12μm），赤血球
> 8μm，葉緑体5μm，ブドウ球菌1μmなど代表的
> なものの大きさは覚えておこう。

❷ (1)① 原核 ② 原核 ③ 真核 ④ 真核
⑤ 原核 ⑥ ミトコンドリア，ゴルジ体など
(2)① 分化 ② 赤血球

🔍**解説** (1)①・②核がない細胞，生物をそれぞれ
原核細胞，原核生物という。
③・④核がある細胞，生物をそれぞれ真核細胞，
真核生物という。
⑤・⑥原核細胞は細胞小器官が存在しない。
(2)細胞分裂したての細胞は未分化だが，その後専
門の仕事をするように形や機能を備えるように変化
する。これを分化という。

❸ ① 単細胞生物 ② 多細胞生物
③ 細胞群体 ④ 分化 ⑤ 組織 ⑥ 器官

🔍**解説** ③細胞群体は単細胞生物の集合体である
が，一部機能を分化するものもいる。

❹ ① ロバート＝フック ② 細胞壁
③ シュライデン ④ シュワン ⑤ 細胞説

🔍**解説** ①・②フックが観察したのは，コルク
ガシの死んだ細胞壁である。
③～⑤彼らは植物，動物の詳細な観察から，すべ
ての組織が細胞からできていることを発見し，細胞
説を唱えるにいたった。

❺ (1)A (2)B (3)D (4)C (5)C

🔍**解説** (3)・(4)タンパク質およびDNAはすべて
の生物に共通して存在する。
(5)タンパク質はリボソームでつくられるので同上。

④ 代謝と酵素　　　　　　　　(p.8～p.9)

❶ ①ア ②エ ③オ
④ウ ⑤イ ⑥カ

🔍**解説** ①消化酵素は細胞内でつくられて，細胞
外に分泌される。
②膜における輸送の多くは酵素がになっている。
④細胞呼吸は，最初の段階が細胞質基質で行われ，
次にミトコンドリアで行われるので，どちらにも関
係する酵素が含まれる。
⑥光合成の反応も酵素が関与する。

❷ (1)同化 (2)独立栄養生物

🔍**解説** (1)合成は同化，分解は異化である。
(2)有機物を必要とせず，無機塩類のみで生育する
生物を独立栄養生物という。他の生物を摂食して，
有機物を栄養とする生物は従属栄養生物である。

❸ ① 触媒 ② 酵素 ③ 変性 ④ 最適温度

🔍**解説** ②酵素は生体触媒ともよばれる。
③熱だけでなく，pHの変化でも変性は起こる。
④ヒトの酵素の場合，35～40℃が最適温度である。

❹ (1)最適温度 (2)イ (3)イ

🔍**解説** (1)酵素は最適温度より低い温度では活性
が低くなるが，高すぎても失活してしまう。
(2)体温程度が最も最適温度に近い。
(3)温度が高いと，変性し失活する。

> 🔒**重要事項　酵素の性質**
> 　酵素は，化学反応を起こす相手が決まってい
> る。これを基質特異性という。また，酵素には，
> 反応に適した温度や反応に適した酸性・中性・ア
> ルカリ性の度合いがある。前者を最適温度とい
> い，後者を最適pHという。

⑤ (1) $2H_2O$

(2) B. 肝臓に含まれる酵素は加熱したことで失活したから。

C. 肝臓に含まれる酵素は pH が変化したことで変性し，失活したから。

D. 肝臓に含まれる酵素は pH が変化したことで変性し，失活したから。

E. カタラーゼの基質となる過酸化水素がないから。

解説 肝臓片には酵素のカタラーゼが含まれる。加熱すると酵素は熱変性し，酵素としての性質を失う。カタラーゼは中性付近ではたらくので，強い酸性やアルカリ性ではよくはたらかない。

⑤ エネルギーと代謝 　　(p.10〜p.11)

1 ①ATP ②P(リン酸) ③ADP ④合成 ⑤運動(機能) ⑥発熱 ⑦発光

> 🔒**重要事項** ATP ⇄ ADP＋P
>
> ATP がつくられるためにはエネルギーが必要である。ATP が分解されるときにはエネルギーが放出されて，物質の**合成**，**運動**，**発熱**などの生物の活動のエネルギー源となる。

2 ①・②—ADP，リン酸(順不同) ③呼吸

解説 ATP をつくる反応は，細胞質基質とミトコンドリアで起こる**呼吸**である。ATP はつねにさまざまな形で消費されているので，つねに呼吸によりつくり出される。また，そのために呼吸基質となる糖や脂肪がからだには蓄えられている。

3 ①アデニン ②リボース ③リン酸 ④高エネルギーリン酸結合

解説 3つ並んだ③は ATP の中のリン酸と判断できる。リン酸はリボースと結合するので，②はリボース。よって①はアデニンとわかる。また，リン酸とリン酸の間の結合は特に高いエネルギーをもつことから高エネルギーリン酸結合という。

4 イ

解説 ア・ウ 運動や発光には ATP のエネルギーが使われる。

エ 炭酸同化でも ATP のエネルギーが使われる。

5 (1)イ (2)ウ (3)ア (4)イ (5)ア

解説 (1)呼吸のことで，異化の一種である。

(2)異化も同化も多くの酵素により進む反応である。

6 ①高エネルギーリン酸結合 ②放出

解説 ATP 内のリン酸とリン酸の結合は高エネルギーリン酸結合とよばれる。結合が切れるときにはエネルギーが放出される。

⑥ 光合成と呼吸 　　(p.12〜p.13)

1 ①酸素 ②水 ③二酸化炭素 ④デンプン ⑤ミトコンドリア ⑥グルコース

解説 ④ 光合成でつくられたグルコースなどはデンプンとして蓄えられる。

⑥ 光合成でつくられたグルコースなどの有機物を分解し，ATP を合成している。

2 (1)細胞質基質，ミトコンドリア

(2)グルコース

(3)$C_6H_{12}O_6＋6H_2O＋6O_2$

$\longrightarrow 12H_2O＋6CO_2＋$化学エネルギー

解説 (1)呼吸は，最初の段階が細胞質基質で行われ，次にミトコンドリアで行われる。

3 ①同化デンプン ②転流 ③貯蔵デンプン

> ☑**注意 デンプン**
>
> デンプンはグルコースが多数結合した物質で，水に溶けず，貯蔵に向いている。光合成ではまず同化デンプンをつくり，光合成の起こらない夜のうちに運搬しやすいグルコースに分解して，根などの貯蔵器官に運ぶ。貯蔵器官で，再度グルコースを貯蔵デンプンに変えて蓄える。

4

解説 呼吸に関する酵素は主にミトコンドリアではたらき，光合成に関する酵素は葉緑体ではたらく。

5 (1)①炭酸同化 ②チラコイド ③ストロマ ④クロロフィル

(2)$12H_2O＋6CO_2＋$光エネルギー

$\longrightarrow C_6H_{12}O_6＋6H_2O＋6O_2$

解説 (1)①二酸化炭素から有機物を合成するはたらきを炭酸同化といい，光エネルギーを用いる炭酸同化を光合成という。光化学反応ではクロロフィルという光合成色素で光エネルギーを吸収し，水を分解している。

② 葉緑体の内部の膜をチラコイドという。チラコイドには，光合成の光を吸収して進む反応に関与する酵素がいくつも存在する。

③ 葉緑体の内部のチラコイド膜と内膜のすきまをストロマという。ストロマには炭酸同化に関わる酵素が存在している。

④ クロロフィルは緑色の色素で，光を吸収する。

第2章 | 遺伝子とそのはたらき

❼ 遺伝情報とDNA （p.14～p.15）

❶ ① ヌクレオチド　② 塩基　③ リン酸
④ 糖(デオキシリボース)　⑤ シトシン
⑥ アデニン　⑦ チミン　⑧ グアニン
⑨ 二重らせん

解説 ヌクレオチド＝塩基＋糖＋リン酸。DNAを構成する塩基は，A(アデニン)，T(チミン)，G(グアニン)，C(シトシン)の4種類があり，AとT，GとCが対になっている。DNAの糖はデオキシリボースという5個の炭素からなる糖である。

❷ (1)形質　(2)塩基配列　(3)**A.** アデニン
T. チミン　**G.** グアニン　**C.** シトシン
(4)相補性

解説 (1)・(2)形質は遺伝子が決定するが，遺伝子がもつ遺伝情報とはDNAの塩基配列である。すべての遺伝情報は4種類の塩基の並びで決定される。

❸ (1)① エ　② ア　③ カ　④ イ　⑤ ウ
⑥ オ　(2)酢酸オルセイン，酢酸カーミンなど

解説 (1)① DNAは細胞内の核の中に存在するので，細胞，そして核をつぶさないととり出せない。
② トリプシンは哺乳類の小腸から分泌されるタンパク質分解酵素である。
③ 真核細胞のDNAはヒストンというタンパク質に結合しているので，食塩水を使って結合を解離させて，DNAを溶かす。
④ 熱を加えると，熱に強いDNAはほとんど変化がないが，タンパク質は変性して凝固する。
⑤ DNAは塩とエタノールが混ざった冷たい溶液中で沈殿する性質がある。
⑥ DNAはガラスにくっつきやすい。

❹ (1)リン酸　(2)イ，ウ，エ，カ
(3)ワトソン，クリック

解説 (2)T＝A，G＝Cを代入すると，

ア：$\dfrac{A+T}{G+C}=\dfrac{A+A}{C+C}=\dfrac{2A}{2C}=\dfrac{A}{C}$

イ：$\dfrac{A+C}{G+T}=\dfrac{A+C}{C+A}=1$

ウ：$\dfrac{A+G}{T+C}=\dfrac{A+G}{A+G}=1$

エ：$\dfrac{A}{T}=\dfrac{A}{A}=1$　オ：$\dfrac{A}{G}=\dfrac{A}{C}$

カ：$\dfrac{G}{C}=\dfrac{C}{C}=1$　キ：$\dfrac{T}{C}=\dfrac{A}{C}$

となる。『$\dfrac{A}{C}$』の割合は生物によって変化するので，ア，オ，キは異なる。よってどのような生物でも答えが『1』となるイ，ウ，エ，カが正解。

ミスポイント　シャルガフの法則(規則)
いかなる生物でもDNAの各塩基の割合はA＝T，G＝Cである。また，百分率で表すと，A＋T＋G＋C＝100〔%〕となる。またA＋G＝50〔%〕，T＋C＝50〔%〕，A＋C＝50〔%〕，T＋G＝50〔%〕という式もなりたつ。つまり，1種類の塩基の割合が分かっていれば，他の3種類の塩基の割合は上記の式を用いて計算できることを覚えておこう。

❽ 遺伝物質を追った科学者達 （p.16～p.17）

❶ ① 生　② 死

重要事項　形質転換
S型菌は肺炎を発症させて，ネズミを死にいたらしめる。一方，R型菌では発症することはない。加熱したS型菌は完全に死んでいるので，肺炎を発症させず，ネズミは死なない。しかし，加熱したS型菌と生きたR型菌を混ぜると，S型菌の遺伝物質(遺伝物質は加熱しても残っている)がR型菌にとり込まれ，R型菌がS型菌に変化することがある。これを**形質転換**という。形質転換したS型菌は肺炎を発症させるので，ネズミは死んでしまう。

❷ ① ウイルス　② タンパク質
③ られなかった　④ DNA　⑤ られた
⑥ DNA

解説 ① ウイルスは細胞をもたず，遺伝物質とそれを覆う殻でできている。増殖の際には，他の細胞に寄生し，寄生した細胞の中で自己の複製を行う。
② S(硫黄)は，DNAには含まれない。

③ 親ファージの S が子ファージに含まれないのであれば，親ファージのタンパク質は子に伝えられなかったことを意味する。

④ P（リン）は，タンパク質には含まれない。

⑤ 親ファージの P が子ファージに含まれるならば，親ファージの DNA は子に伝わったことを示す。

⑥ 親から子に伝わるのが遺伝子なので，DNA が遺伝子の本体である。

3 (1)①**S 型菌** ②**S 型菌** ③**R 型菌**
④**R 型菌** ⑤**S 型菌** ⑥**形質転換**
⑦**R 型菌** ⑧**S 型菌** (2)**イ，ウ，オ**

解説 (2)アは R 型菌を加熱しているので，菌が死滅してしまっている。

イは形質転換が起こる。

ウはタンパク質分解酵素をはたらかせており，タンパク質は分解されるが，DNA は分解できない。よって，残った DNA をとり込んで，形質転換が起こる。

エは DNA 分解酵素を用いている。DNA 分解酵素は DNA を分解するので，形質転換が起こらない。

オは RNA 分解酵素を用いており，RNA は分解されるが，DNA は分解できない。よって，残った DNA をとり込んで，形質転換が起こる。

⑨ 遺伝情報の分配 (p.18〜p.19)

1 ①**S** ②**前期** ③**中期** ④**後期** ⑤**終期**

解説 ①S 期では DNA が複製される。

② 分裂期はこの前期から始まる。核膜の消失と染色体の凝縮が見られる。

③ 赤道面に染色体が並ぶ時期。最も観察に適した時期である。

④ 染色体が両極に移動する時期。

⑤ 移動した染色体がほぐれ，核膜が形成される。また，細胞質分裂が始まる。

2 ①**G₁ 期** ②**前期** ③**後期** ④**G₂ 期**
⑤**終期** ⑥**S 期** ⑦**中期**
①→⑥→④→②→⑦→③→⑤

🔒**重要事項　細胞周期**

分裂期が終わると次の分裂のための DNA 合成準備期（G₁ 期）に入る。準備ができると DNA 合成期（S 期）に染色体の複製が行われる。その後，分裂準備期（G₂ 期）に入る。準備ができると次の分裂期に入る。

3 ①**核** ②**細胞質** ③**母細胞** ④**娘細胞**
⑤**S（DNA 合成）** ⑥**半保存的複製**

解説 ① 分裂は核分裂から始まる。

② 細胞質分裂は分裂期の終期から始まる。

⑤ 間期には DNA 合成準備期（G₁ 期），DNA 合成期（S 期），分裂準備期（G₂ 期）があるので，それぞれの役割を把握すること。

⑥ DNA は 2 本のヌクレオチド鎖が相補的に結合し，二重らせん構造をつくっているが，複製の際には 1 本鎖になって，それぞれを鋳型に新しい DNA 鎖を合成する。できた DNA のうち 1 本は古い鎖，1 本は新しい鎖なので半保存的複製という。

4 (1)②→③→⑤→④→① (2)**ア** (3)**エ**

解説 (1)② は前期，③ は中期，⑤→④ は後期，① は終期の現象である。

(2)細胞質分裂は後期ではなく，終期から始まる。

(3)G₁ 期は DNA 合成の準備をするだけなので，細胞内の DNA 量は変化しない。S 期には DNA の合成が起こるので，細胞内の DNA 量は徐々に増加し，最終的に倍にまで増える。G₂ 期は分裂の準備をするだけなので，細胞内の DNA 量は変化しない。

⑩ 遺伝情報の発現 ① (p.20〜p.21)

1 ①**DNA** ②**RNA** ③**タンパク質** ④**転写**
⑤**翻訳**

解説 ①・② 遺伝情報は DNA に保存されている。遺伝情報の発現には，まず DNA から必要な塩基配列部分の相補的な RNA がつくられる。

③ 遺伝情報はさまざまな機能をもつタンパク質の形で発現する。

④ DNA から RNA に相補的な塩基配列が写されるので，転写。

⑤ RNA の塩基配列をもとにして，アミノ酸を配列してタンパク質がつくられるようすが，ある言語から別の言語に訳されることに似ているので，翻訳。

2

	デオキシリボ核酸	リボ核酸
略称	**DNA**	**RNA**
糖	**デオキシリボース**	**リボース**
塩基	**A, T, G, C**	**A, U, G, C**

解説 DNA は Deoxyribonucleic Acid（デオキシリボ核酸）の，RNA は Ribonucleic Acid（リボ核酸）の略称。Deoxyribo は DNA を構成する糖である Deoxyribose（デオキシリボース）に由来し，Ribo は

RNA を構成する糖である Ribose に由来する。塩基については DNA と RNA で A（アデニン），G（グアニン），C（シトシン）が共通する。しかし，A（アデニン）と相補的な関係にある塩基が，DNA では T（チミン）だが，RNA では U（ウラシル）である。

③ ① RNA　② アミノ酸　③ タンパク質
④ 翻訳　⑤ セントラルドグマ

🔒**重要事項　セントラルドグマ**
　DNA → RNA →タンパク質という遺伝情報の発現の流れはいかなる生物でも変わらない現象である。DNA という原典をもとに，転写された RNA，翻訳されたタンパク質は宗教の教典が広まるさまに似ていることから，中央教典という意味の『セントラルドグマ』と名づけられた。

④ (1)ヌクレオチド
(2)(DNA)デオキシリボース　(RNA)リボース
(3)c. 転写　d. 翻訳

💬**解説** (1)DNA でも RNA でもヌクレオチドという。ただし，DNA のヌクレオチドと RNA のヌクレオチドで，構成している糖の種類，4 つの塩基のうちの 1 つが異なることに注意する。

⑪ 遺伝情報の発現 ②　　　(p.22〜p.23)

① ① mRNA　② tRNA　③ アミノ酸
④ タンパク質

💬**解説** mRNA が指定するアミノ酸は，tRNA によって運ばれる。アミノ酸が次々と結合することで，タンパク質が合成される。

② (1)AUG　(2)UAA, UAG, UGA

💬**解説** (1)開始コドンはメチオニン(Met)を指定するコドンでもある。
(2)終始コドンはアミノ酸に対応していないため，そこで翻訳が終了する。

③ ロイシン，アルギニン，アラニン，セリン

④ (1)アラニン，グリシン，ロイシン，バリン
(2)96 通り　(3)① ×　② ○　③ ×

💬**解説** (2)ヒスチジンには 2 通り，プロリンには 4 通り，グルタミン酸には 2 通り，アルギニンには 6 通りの塩基配列があるため，2×4×2×6＝96〔通り〕
(3)① グリシンを指定するコドン GGA の 1 番目の塩基が U に置換されると UGA（終止コドン）になる。

③ トリプトファン以外に，メチオニン（AUG）も 1 個の塩基の置換により指定するアミノ酸が必ず変わる。

⑫ 遺伝情報の発現 ③　　　(p.24〜p.25)

① ① ゲノム　② 遺伝子　③ 非遺伝子
④ 約 20000　⑤ 約 30 億

💬**解説** ヒトのゲノムには約 20000 個の遺伝子が含まれている。しかし，細胞はそれぞれ特定の形やはたらきをもったものに変化しているため，すべての細胞ですべての遺伝子がはたらいているのではなく，細胞によって発現している遺伝子は異なっている。

② ① ゲノム　② 30 億　③ 1　④ 核移植
⑤ 分化　⑥ 全能性　⑦ クローン

💬**解説** ④ 〜 ⑥ カエルの核移植実験では，まず未受精卵に紫外線を照射し，未受精卵の遺伝子を破壊する。その後，さまざまな成長段階のカエルの各組織の分化した細胞からとってきた核を移植してみると，核を移植した卵の中には正常に発生が進むものがあった。これは分化した細胞の核でも全能性を保持していることを示す。また，核を移植した卵の中で正常に発生が進む割合は，成長段階が進んだ細胞からとってきた核を移植した卵ほど少なくなった。
⑦ クローンを作成する技術をクローニングという。

③ (1)ゲノム　(2)白色　(3)変わらない

💬**解説** (2)個体の形質は遺伝情報をもとに発現する。遺伝情報は核のゲノムに存在するので，核移植実験では使用した未受精卵の形質に関係なく，移植した核の遺伝情報に基づいた形質が発現する。
(3)細胞分裂が起こっても，核内のゲノムは全く変化しない。

🎯**ミスポイント　遺伝情報は核に**
　核移植実験で作成した個体の遺伝子発現は移植した核の遺伝情報に基づく。

④ ① ウ　② カ　③ ス　④ ケ　⑤ コ　⑥ エ

💬**解説** ① ヒツジは哺乳類で初めてクローン化に成功した動物である。
② ・③ 核移植の方法はカエルの核移植実験と同様の方法で行われるが，哺乳類の発生は母親の子宮内で行われるので，移植卵作成後，卵を生殖器に戻さねばならない。

⑤ 受精により発生した個体は，一般的に全く同じ遺伝情報をもつ個体は存在しないが，クローンは移植した核と同じ遺伝情報をもつ個体である。

⑬ 細胞分裂, パフの観察 *(p.26〜p.27)*

1 ① 固定　② 解離　③ 染色　④ 押しつぶし
⑤ ろ紙　⑥ 低

解説 ① 細胞内の化学反応を停止させ，生きているときに近い状態で保存する。
② 塩酸を使用して，細胞壁の結合をゆるくする。
④ 細胞が重なっていると観察しづらいので，細胞を1個ずつバラバラにする。
⑤ 押しつぶすときは，ろ紙を用いて，余分な染色液を吸いとる。
⑥ 顕微鏡を使うとき，始めに観察対象を見つけるには低倍率の広い視野の中でさがす。観察対象を見つけたあとに，高倍率のレンズに変えて観察する。

2 ① 根端分裂組織　② 固定
③ 解離　④ 塩酸
⑤ 酢酸オルセイン，酢酸カーミンなど

解説 ① 根端分裂組織は頂端分裂組織の1つで，根の先端，根冠の内側に存在する。

3 (1)④→③→②→①→⑥→⑤
(2)唾腺染色体を染色する。　(3)エ
(4)
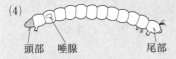
頭部　唾腺　　　　　尾部
(5)パフ　(6)ウ

解説 (3)夏場，河川敷で蚊柱を形成しているのがユスリカである。幼虫はよどんだ水底に生息し，アカムシともよばれる。
(4)唾腺は消化器官の一種である。
(5)パフでは遺伝情報が活発に発現している。
(6)唾腺染色体は細胞分裂の際に，染色体が分離せず，また相同染色体が対合しているので，100倍以上の巨大染色体となっている。

重要事項　プレパラート作成の方法
① 植物の核の観察
　固定：カルノア液→解離：塩酸→染色：酢酸オルセイン，酢酸カーミン→押しつぶし
② 動物の核の観察
　染色→押しつぶし

---

⑭ 体液とそのはたらき, 血液凝固 *(p.28〜p.29)*

1 ① 赤血球　② 白血球　③ 血小板　④ 血清
⑤ 血ぺい

解説 ① 血管内を通る円盤状の細胞は赤血球。
② 血管内を通る核をもつ細胞は白血球。
③ 血管内を通る小さな細胞片は血小板。
④・⑤ 血液は体外に出ると凝固する。凝固しなかったものを血清，凝固したものを血ぺいという。

2 ① 恒常性（ホメオスタシス）
② 体内環境（内部環境）　③ 血液　④ 組織液
⑤ リンパ液

解説 ② 体内の，体液がつくる環境を体内環境（内部環境）という。細胞にとって，細胞の外は体液であり，この恒常性が保たれないと，正常に活動できない。
③ 血液は赤血球＋白血球＋血小板＋血しょう。
④ 組織液は血しょうでできている。
⑤ リンパ液は白血球＋血しょうでできている体液で，リンパ管を流れる。

注意　血清と血しょう
　血清と血しょうはほぼ同じものである。血しょうは血球以外の液体成分をさす。血清は血ぺいを除いたもので，血しょうから一部のタンパク質がなくなったものである。

3 (1)a. 血小板　b. フィブリン　c. 血ぺい
(2)血液凝固　(3)食作用　(4)線溶

解説 (1)血管が傷つくと，はじめに血小板が集まって出血を止める。これを一時止血という。その後，血ぺいができることでより強力に止血される。これを二次止血という。

4 ① 原始の海　② 酸素　③ 二酸化炭素
④ 赤血球　⑤ 白血球　⑥ 血小板
⑦・⑧・⑨─糖，無機塩類，アミノ酸（順不同）
⑩ 尿素

解説 ① 現在の海水と原始の海水は組成が異なっている。我々の祖先となる細胞は当時の海水中で生まれたので，現在でも細胞の最適な環境は当時の海水のままである。

⑦〜⑩血しょうは多くの物質を溶かして運搬する。運搬されるのは，細胞にとって必要な糖やアミノ酸といった栄養分，体液濃度を保つ無機塩類から，代謝で生じた老廃物の尿素や二酸化炭素などである。

⑮ 体内環境の維持 (p.30〜p.31)

❶ ①肺動脈　②大静脈　③リンパ管　④肺静脈　⑤大動脈　⑥栄養分　⑦老廃物

解説 肺では酸素と二酸化炭素のガス交換が行われる。

②各組織から心臓に血液が戻ってくる太い血管。

③体内の各組織で血管外にしみ出た組織液は一部静脈へ，一部はリンパ管へ吸収される。

⑤心臓から各組織に血液が運ばれる太い血管。

⑥小腸からは消化した栄養分が吸収される。

⑦体内の各組織から代謝によって生じた老廃物が運ばれる。

❷ ①心臓　②洞房結節(ペースメーカ)　③大動脈　④大静脈　⑤リンパ管

解説 ⑤血液中の血しょうの一部は毛細血管からにじみ出て組織液となる。組織液の一部はリンパ管に入りリンパ液の成分となる。

❸ (1)①肝門脈　②グリコーゲン　③血糖濃度(血糖値)
(2)①アンモニア　②尿素
(3)胆汁　(4)①ろ過　②再吸収

解説 肝臓に入る血管は，小腸からくる肝門脈と心臓からくる動脈がある。腎臓のはたらきでは，ボーマンのうでのろ過と細尿管での再吸収が重要である。

> ☑ **注意　肝臓のはたらき**
> 肝臓は，上記の問い以外に体温の発生，解毒作用，血しょうのタンパク質の合成，ビタミンAの貯蔵，脂肪の合成など多くのはたらきをもつ。

❹ (1)①カ　②イ　③キ　(2)閉鎖血管系

解説 小腸で吸収した栄養分が貯められるのが肝臓。また，小腸で吸収してしまった毒物は肝臓で解毒される。リンパ管にはリンパ球が集合するリンパ節がある。

(1)① 小腸からの血液が最も栄養分が豊富である。

②肺から出た血液が最も酸素分圧が高い。

③腎臓を出た血液が最も老廃物が少ない。

❺ ア，オ

解説 ア．肺動脈には酸素の少ない静脈血が流れている。

オ．脊椎動物以外ではミミズなどの環形動物も閉鎖血管系をもっている。

⑯ 神経系のはたらき (p.32〜p.33)

❶ ①間脳　②交感　③副交感

解説 ①間脳が自律神経系の中枢である。

②交感神経のはたらきにより，からだは活動しやすい状態になる。

③副交感神経はからだが緊張状態にないときにはたらく。

❷ ①大脳　②間脳　③中脳　④小脳　⑤延髄

解説 それぞれの脳の位置とともに役割も覚えておこう。

❸ ①延髄　②交感神経　③副交感神経　④ノルアドレナリン　⑤アセチルコリン

解説 ①延髄は拍動のほかに呼吸もつかさどる。

②・③拍動を促進させるのは交感神経で，抑制させるのは副交感神経である。

❹ (1)①○　②△　③○　④△　⑤○　⑥△　⑦△　⑧○　⑨△　⑩△
(2)ウ

解説 (1)交感神経は運動や緊張時にはたらく。そのようになるには①の拍動は促進，②の消化活動は抑制，③の瞳孔は拡大，④の血管は収縮，⑤の血糖濃度は増加，⑥の立毛筋は収縮する。副交感神経はその逆になるよう，⑦・⑧・⑨・⑩は選ぶ。

(2)たとえ交感神経がはたらいても，各器官により，その効果が促進か抑制かは異なる。一般的に，交感神経がはたらくとからだ全体で活動的になると考える。

> ⓒ **ミスポイント　交感神経と副交感神経**
> 運動するときや緊張したときにはたらくのが交感神経。拍動がはやくなり，消化器官の活動や排便を抑える。逆に，リラックスしているときにはたらくのが副交感神経。拍動は遅くなり，消化器官が活動し，排便を促進する。

⑰ ホルモンによる調節 *(p.34～p.35)*

1 ① 成長ホルモン，甲状腺刺激ホルモン，
副腎皮質刺激ホルモン
② バソプレシン　③ アドレナリン
④ 糖質コルチコイド，鉱質コルチコイド
⑤ チロキシン　⑥ パラトルモン
⑦ グルカゴン　⑧ インスリン

> 🔒**重要事項　すい臓**
> すい臓は外分泌腺として消化液(すい液)を分
> 泌し，内分泌腺としてホルモンを分泌する。ホル
> モンとしては血糖濃度を下げるインスリン，逆に
> 血糖濃度を上げるグルカゴンを分泌する。

2 ① ホルモン　② 内分泌腺　③ 標的器官
④ 標的細胞　⑤ 受容体

解説 ホルモンは体内の各部にある内分泌腺から
血管に分泌される。血流に乗って全身に運ばれたホ
ルモンはホルモンを受けとる受容体と結合する。
　受容体は特定の標的細胞の表面や，標的細胞の内
部に存在する。
　ホルモンを受けとると，標的細胞はそのホルモン
に応じた反応を活性化する。その結果，標的細胞を
含む標的器官全体に効果がおよぶ。

3 ① イ　② ア　③ ウ　④ オ　⑤ キ　⑥ カ
⑦ エ

解説 ホルモンはホルモンを放出する所(内分泌
腺)と，ホルモンを受容する所(標的器官)が異なる。

4 ① 脳下垂体　② 甲状腺刺激ホルモン
③ 甲状腺　④ 脳下垂体前葉
⑤ 副腎皮質刺激ホルモン　⑥ 副腎皮質
⑦ 脳下垂体後葉　⑧ 腎臓
⑨ 水分の再吸収の促進　⑩ インスリン
⑪ 副腎髄質

解説 脳下垂体前葉から分泌される成長ホルモン，
甲状腺刺激ホルモン，副腎皮質刺激ホルモンのよう
に同じ内分泌腺から分泌されるホルモンや，血糖濃
度を増加させるグルカゴン，糖質コルチコイド，ア
ドレナリン，成長ホルモンのように同じはたらきを
するホルモンなどに注意すること。

5 (1) 内分泌腺　(2) ウ

解説 排出管を介して物質を分泌するものを外分
泌腺という。汗を分泌する汗腺や消化酵素を分泌す
る消化器官が相当する。

⑱ ホルモン分泌の調節 *(p.36～p.37)*

1 ① 視床下部　② 脳下垂体
③ 神経分泌　④ 脳下垂体前葉
⑤ 脳下垂体後葉　⑥ ホルモン

解説 恒常性の調節の中枢は間脳視床下部である。
間脳は神経組織なので神経細胞でできている。その
ため，視床下部のホルモンを分泌する神経細胞は特
に神経分泌細胞といわれる。
　神経分泌細胞から分泌されるホルモンには，視床
下部下の血管に分泌され，脳下垂体前葉にはたらき
かける放出ホルモンや放出抑制ホルモンと，神経分
泌細胞が脳下垂体後葉まで伸び，そこから血管に分
泌されるバソプレシンがある。
　放出ホルモンは血管を通じて標的器官である脳下
垂体前葉に入る。前葉からはその刺激を受けて，さ
らに別のホルモンを分泌する。放出抑制ホルモンで
はホルモンの分泌が抑制される。

2 ① 脳下垂体前葉　② 視床下部
③ フィードバック　④ 負のフィードバック

3 (1) 増加する　(2) 減少させる　(3) 負

解説 (1)副甲状腺は血中のカルシウムイオン濃
度を感知できる。カルシウム濃度が低下すると，パ
ラトルモンが分泌される。パラトルモンは骨組織に
作用して，骨を形成しているカルシウムを放出させ
て，血中のカルシウム濃度を上昇させる。
(2)正常なカルシウム濃度に戻れば，それ以上骨か
らカルシウムを放出する必要はないので，パラトル
モンの分泌を減少させる。

4 ① カ　② ウ　③ キ　④ オ　⑤ エ　⑥ イ
⑦ ウ　⑧ ク　⑨ エ　⑩ オ　⑪ ア

解説 血糖濃度の変化は，すい臓にフィードバッ
クしホルモン分泌を促す。
　すい臓では，血糖濃度の高いときはインスリンを
分泌してグルコースをグリコーゲンに変える。また，
血糖濃度の低いときはグルカゴンを分泌してグリ
コーゲンをグルコースに変える。

🔒**重要事項　恒常性と間脳視床下部**

　主な恒常性が保たれるまでの流れは以下の通りであり，すべて間脳視床下部から始まることがわかる。各々が減少したときの反応を記す。

〔**血糖濃度**〕視床下部 －（交感神経）→ランゲルハンス島，副腎髄質（ふくじんずいしつ）－（ホルモン）→肝臓，組織でのグルコースの生成

〔**体温**〕血糖濃度を上げると代謝が促進されて体温が上昇するので，血糖濃度と同様の反応が起こる。

〔**水分量**〕視床下部 －（神経分泌細胞）→後葉 －（バソプレシン）→細尿管での水分の再吸収

---

⑲ さまざまな恒常性の調節 *(p.38〜p.39)*

１ ① インスリン　② グルカゴン
　③ 副腎皮質刺激ホルモン
　④ 糖質コルチコイド　⑤ アドレナリン

👤**解説** 哺乳類（ほにゅうるい）の脳はつねにグルコースを必要とし，血糖濃度の低下は意識の低下など深刻な影響を与える。また，血糖濃度の過剰な上昇は各種疾患（しっかん）をもたらすので，血糖濃度は厳密に調節されている。血糖濃度の低下を視床下部が感知すると，血糖濃度を上げるために交感神経が各組織にはたらきかけ，グルカゴン，糖質コルチコイド，アドレナリンといった血糖濃度を上昇させるホルモンが分泌されて，血糖濃度は回復する。

　一方，血糖濃度の上昇を視床下部が感知すると，血糖濃度を下げるために副交感神経がすい臓のランゲルハンス島にはたらきかけ，血糖濃度を低下させるインスリンが分泌されて，血糖濃度は正常な値に低下する。

２ ① 間脳　② 交感
　③・④・⑤－チロキシン，糖質コルチコイド，アドレナリン（順不同）

👤**解説** ② 唇（くちびる）が青くなるのは，体表近くの毛細血管が収縮し，体表近くに血液が行かないようにして，熱が逃げるのを防ぐためである。また鳥肌は立毛筋の収縮により体毛をたたせ，体毛（とりはだ）のすきまに空気の層をつくることで，保温効果を生む。しかし，体毛の薄い現代人には，他の動物ほどの効果はない。

３ ① 増加　② 増加　③ 減少　④ 減少

---

４ (1)① グリコーゲン　② 交感神経
　③ アドレナリン
　(2)A. インスリン　B. グルカゴン　(3)ア

👤**解説** (1)① グルコースが鎖状（さじょう）に多く結合した物質がグリコーゲンである。

②・③ 血糖濃度を上昇させるホルモンのうち，副腎髄質（ふくじんずいしつ）から分泌されるのはアドレナリンであり，交感神経により副腎髄質が刺激されることで分泌される。

(2)同じすい臓から分泌されるインスリンとグルカゴンは拮抗的（きっこうてき）にはたらくホルモンである。

(3)ア．食事前は血糖濃度の低下が考えられる。成長ホルモンの分泌により血糖濃度は増加する。

イ．アミラーゼはデンプンの分解酵素である。

ウ・エ．グルカゴンは尿量に関係しない。

オ．酸素消費の上昇と血糖濃度の変化は関係しない。

☑**注意　糖尿病**

　何らかの原因でインスリンが十分に分泌されない現象，もしくはインスリン感受性が低下した現象を糖尿病という。正常な血糖濃度は 0.1% 前後であるが，血糖濃度が低下せず 0.2% を超えると原尿から再吸収しきれなかった糖が尿中に出る。そのために糖尿病とよばれる。糖尿病は尿中に糖が出てくること自体が問題ではなく，高い血糖濃度が原因となる各症状やさまざまな他の病気を併発（へいはつ）することが問題である。

---

⑳ 免 疫 *(p.40〜p.41)*

１ ① 樹状細胞　② マクロファージ
　③ 好中球　④ 炎症（えんしょう）

👤**解説** ④ 皮膚が赤くなる炎症は，血管が拡張して，血流量が増加したために起こる症状である。血管が拡張することで白血球が血管外に通過しやすくなり，その部位での自然免疫力（めんえき）を高める。

２ ① 生体防御　② 酸
　③ リゾチーム　④ 自然免疫
　⑤・⑥・⑦－マクロファージ，好中球，樹状細胞（順不同）
　⑧ 炎症反応　⑨ 獲得免疫

❸ (1)**真皮** (2)**a** (3)**ケラチン** (4)**ア，エ**

👤**解説** (2)皮膚は非常に優れた隔壁で，異物を侵入させることはほとんどない。その性質は① 硬く，②つねに新しい表皮が外側に向かって移動する。
(4)皮膚は保水に優れ，体内の水分が体外に流出することを防ぐ。

❹ (1)① **マクロファージ** ② **食作用**
(2)**自然免疫，獲得免疫**

㉑ 獲得免疫 *(p.42～p.43)*

❶ ① **抗原抗体反応** ② **B** ③ **抗原提示**
④ **ヘルパーT** ⑤ **キラーT**

👤**解説** 獲得免疫は異物を樹状細胞が自然免疫の食作用でとり込むところから始まる。とり込まれた異物のうち一部が樹状細胞の表面に提示される。抗原提示している樹状細胞は体内のリンパ節を回り，提示された抗原と合致するT細胞をさがす。提示された抗原と結合するT細胞は活性化する。活性化したT細胞はキラーT細胞やヘルパーT細胞になる。キラーT細胞は提示された抗原をもつ異物に感染した細胞を攻撃する。また，ヘルパーT細胞はB細胞を活性化させる。B細胞は増殖・分化して抗体産生細胞となる。抗体産生細胞からは抗原に対する抗体がつくられる。抗体は抗原と特異的に結合し，抗原を不活性化，弱毒化させる。これを抗原抗体反応という。

❷ ① **抗原提示** ② **T細胞** ③ **キラーT細胞**
④ **細胞性免疫** ⑤ **ヘルパーT細胞**
⑥ **B細胞** ⑦ **抗体産生細胞** ⑧ **体液性免疫**

👤**解説** 未成熟なT細胞は抗原提示を受けて，成熟型のT細胞であるキラーT細胞とヘルパーT細胞に分化する。

❸ ②

👤**解説** T細胞もB細胞も活性化すると一部が記憶細胞として半永久的に体内に残る。そのために，再度抗原が侵入する際には，記憶細胞がすぐに活性

化し，より迅速に免疫がはたらく。また，抗体はより多量につくられることが知られている。

❹ (1)① **体液性免疫** ② **食作用**
③ **ヘルパーT** ④ **B** ⑤ **抗原抗体反応**
⑥ **免疫グロブリン** ⑦ **記憶細胞**
⑧ **二次応答** (2)**免疫記憶**

㉒ ヒトの免疫に関する病気と医療 *(p.44～p.45)*

❶ ① **する** ② **しない** ③ **しない** ④ **しない**
⑤ **できない** ⑥ **する** ⑦ **する**

❷ ① **アレルゲン** ② **花粉症**
③ **アナフィラキシーショック**

👤**解説** ①アレルギーの原因となる抗原をアレルゲンという。
②花粉症患者は非常に多い。そのアレルゲンはスギ花粉が最も多く，80％を占めるといわれている。スギ以外にもヒノキやブタクサ，イネ科の植物など多くの植物が花粉症の原因となる。
③アナフィラキシーショックは強い反応で，最悪の場合死亡する。ハチ毒の場合，特にスズメバチにより毎年約20人ほどが死亡している。アナフィラキシーショックは毒だけでなく，ソバ(蕎麦)でも起こりうる。重度のソバアレルギーになると，ソバをゆでた釜を使用して，ゆでたうどんなどのめん類を口にしただけで症状が出る。また，そば殻の枕を使

用しても症状が出る場合もある。

3 (1)ウ (2)イ (3)エ (4)ア (5)オ

😊**解説** (1)弱毒化, 無毒化した病原体(抗原)をワクチンという。ワクチンを接種することで, その病原体に対する抗体を体内につくり出し, 免疫記憶を蓄積させることを**予防接種**という。例えば, インフルエンザは毎年流行するタイプが異なるので, そのつど流行するタイプに対応したワクチンを注射しないと効果が乏しい。
(2)自己の細胞に対する抗体ができ, 自己の組織を免疫系が攻撃してしまう症状を自己免疫疾患という。
(4)ヘビ毒のように非常に強力な毒が体内に入ると, 人間は抗体をつくる前に死んでしまう。そこで, 他の動物の体内に弱毒化したヘビ毒を接種させ, その動物の体内でヘビ毒の抗体をつくらせる。その後, 動物から抗体を含む血清をとり出す。この血清による治療法を**血清療法**という。ヘビにかまれたときにこの血清を注射すると, ヘビ毒に対して抗原抗体反応が起こる。
(5)臓器移植は他人から臓器を移植するので, 自己ではない細胞を体内に入れることになる。そのため, 免疫系は臓器を非自己と認識し, 攻撃する。これを拒絶反応という。そのため, 臓器移植した患者はつねに免疫を抑制する薬を飲まなくてはならない。近年注目を集めている iPS 細胞は, 自己の細胞から臓器をつくることができる可能性があるので, 拒絶反応のない移植ができるかもしれないと期待されている。

4 (1)① **体液性免疫** ② **白血球(またはT細胞, キラーT細胞)** ③ **細胞性免疫**
(2)① **予防接種** ② **血清療法** (3)**ア**

😊**解説** (3)T細胞は記憶細胞として残る。一度目の移植で系統**A**に対する免疫記憶ができるため, 二度目の移植ではより迅速に免疫がはたらき, 皮膚がはやく脱落する。

第4章 | **生物の多様性と分布**

㉓ さまざまな植生 (p.46〜p.47)

1 ① 林冠 ② 林床 ③ 高木層 ④ 亜高木層
⑤ 低木層 ⑥ 草本層 ⑦ 地表層

😊**解説** ①・③森林のいちばん高い所を林冠といい, 林冠をつくる層を高木層という。本州の低地の高木層は地表から25m程度であるが, 熱帯多雨林

では地表から50m以上に高木層が形成される。
②森林のいちばん低い所を林床という。
④亜高木層は高木層の高さに達せず, 高木層のすきまを埋めるように生える樹木の層で, 本州の低地の亜高木層は地表から15m程度である。
⑤亜高木層の下に位置する層で, 本州の低地の低木層は地表から数m程度である。
⑥・⑦森林内の草本層や地表層は光が弱くても育つもので構成されている。

2 ① 団粒構造 ② 母岩 ③ 腐植層
④ 落葉層 ⑤ 環境要因

😊**解説** ①いわゆるフカフカの土である。
③・④落葉が徐々に分解されることで, 腐植層を形成する。寒い気候の土地では分解があまり進まず, 腐植層が発達しない場合もある。

3 (1)① a ② b ③ a ④ b
(2)**優占種** (3)**十分な光がある環境ではマツのほうがブナより成長がはやいため。**

😊**解説** (3)1本の樹木が倒木した程度では, 林床まで光がさし込まないので, その光で苗が育つより先に, すでにある程度成長した樹木がすきまに伸びていく。大きなギャップでは林床に光があたるため, 育つ樹木が変わる場合がある。

4 (1)① 高木 ② 亜高木 ③ 低木 ④ 草本
(2)**ギャップ更新** (特徴)**成長のはやい樹木**

🔒**重要事項 ギャップ更新**
ギャップによって光が林床に届くと, マツなどの成長のはやい樹木が伸びる。その後, ブナなどの成長が遅く, 背の高い樹木が林冠にまで成長する。

㉔ 光環境の変化 (p.48〜p.49)

1 ① 光補償点 ② 見かけの光合成速度
③ 光飽和点 ④ 光合成速度 ⑤ 陽生植物
⑥ 陰生植物

😊**解説** ①光合成速度＝呼吸速度となる光の強さ。
②光合成速度－呼吸速度＝見かけの光合成速度
⑤光補償点, 光飽和点ともに高い＝陽生植物
⑥光補償点, 光飽和点ともに低い＝陰生植物

2 ① 陽樹 ② 飽和 ③ 陽樹 ④ 補償
⑤ 呼吸 ⑥ 陰樹

😊**解説** 植物の光合成速度と呼吸速度が等しくなる

ときの光の強さを**光補償点**といい，これ以上光を強くしても光合成速度が変化しない光の強さを**光飽和点**という。植物が成長するためには，光補償点より強い光が必要である。陽樹は光飽和点が高いため日あたりがよい環境ではよく成長するが，光補償点も高いため日があまりあたらない環境では成長のための光が足りず，よく成長できない。

③ (1)① **光補償点**　② **光飽和点**　(2)**陽生植物**
(3)**陰生植物**　(4)① **陽生植物**　② **陰生植物**

🧑‍🏫**解説**　(2)光の強さが30のとき，陽生植物は二酸化炭素吸収速度が約18であるのに対し，陰生植物では約5である。よって陽生植物のほうがよく育つ。
(3)光の強さが5のとき，陽生植物は二酸化炭素吸収速度が約1であるのに対して，陰生植物では約3である。よって陰生植物のほうがよく育つ。
(4)① 大きなギャップでは強い光が入る。
② ギャップが閉じると，光が弱くなる。

④ (1)**B**　(2)**A**　(3)**A**　(4)**B**　(5)**B**　(6)**A**

🧑‍🏫**解説**　(1)キク科の一年草。
(2)シダ植物は種子をつけない維管束植物。森の中などで見かける。
(3)ブナは20 m以上に成長する樹木で，東北などに自然林として残っている。
(4)浜辺の防風林として見かける。
(5)しばしば日本の草原の優占種となる。
(6)日本の照葉樹林における優占種の1つである。

⑤ (1)① **ある**　② **遅い**

(2)
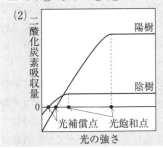

陽樹／陰樹／光補償点／光飽和点／光の強さ

縦軸：二酸化炭素吸収量

㉕ 植生の遷移　(p.50〜p.51)

① ① **乾性**　② **湿性**　③ **草原**　④ **陽樹**
⑤ **陰樹**　⑥ **極相（クライマックス）**

② ① **環境形成作用**　② **遷移**　③ **一次遷移**
④ **二次遷移**　⑤ **乾性遷移**　⑥ **湿性遷移**
⑦ **極相（クライマックス）**　⑧ **極相林**

🧑‍🏫**解説**　①・② 環境と生物はともに影響をおよぼしながら変化していく。

③ (1)**一次遷移**　(2)**二次遷移**　(3)**低木林**
(4)**草本と陽樹の木本が混在した低木林。**

🧑‍🏫**解説**　(1)火砕流によるれきなどの堆積物が土壌を覆ってしまうと，一から土壌を形成するところからの出発，すなわち一次遷移となる。
(2)火災による焼失では地下の土壌は残っているので，二次遷移である。
(4)噴火から30年あまりが経過した。噴火後，数年で発芽した樹木は大きく成長しているが，森林にまで遷移するには短い時間である。よって草本と木本が混在している低木林と予想できる。

> 💡**ミスポイント　遷移**
>
> 　教科書や，この本に記載している遷移の過程はあくまで一般的な過程であり，実際にこの通りに遷移しない場合も多い。雲仙普賢岳水無川地区の一次遷移の場合，れきの堆積物にはすきまが多いので，コケ植物や地衣類よりも，根を張れば生育できる一年生草本が早々に出現した。

④ (1)① **遷移**　② **二次遷移**　③ **一次遷移**
④ **極相（クライマックス）**
(2)**A. 草原　B. 陽樹林　C. 陰樹林**
(3)① **ア**　② **コ**　③ **ケ**　④ **キ**　⑤ **ク**

🧑‍🏫**解説**　(3)各遷移段階の代表的な植物は覚えておくこと。本州から九州にかけての地域は温帯，本州の高原の一部と北海道は亜寒帯で，植生が異なる。

㉖ 気候とバイオーム　(p.52〜p.53)

① ① **熱帯多雨林**　② **雨緑樹林**　③ **照葉樹林**
④ **硬葉樹林**　⑤ **夏緑樹林**　⑥ **針葉樹林**
⑦ **サバンナ**　⑧ **ステップ**　⑨ **砂漠**　⑩ **垂直**
⑪ **森林限界**　⑫ **亜熱帯多雨林**　⑬ **照葉樹林**
⑭ **夏緑樹林**　⑮ **針葉樹林**　⑯ **水平**

🧑‍🏫**解説**　平均気温は緯度が低いほど（赤道に近いほど）高くなる。赤道地域では（降水量の多い順に）熱帯多雨林，亜熱帯多雨林，雨緑樹林，サバンナがほとんどである。赤道から少し緯度が上がると，（降水量の多い順に）照葉樹林，ステップ，砂漠が増える。硬葉樹林は地中海周辺で見られる。緯度が上がると気温が低くなるので，夏緑樹林，針葉樹林，ツンドラと変化する。

2 ①垂直 ②水平 ③高山 ④亜高山
⑤山地 ⑥丘陵

> 🎯 **ミスポイント　垂直分布と水平分布**
> 　日本の降水量はどの地域でもおよそ年間1000 mm以上あるので，バイオームは**気温**によって決定される。緯度が上がることによる気温の低下と，標高が上がることによる気温の低下とが，バイオームの変化をもたらす。

3 (1)① オ　②ア　③イ：カシ，シイ
④エ：ブナ，クリ
⑤ウ：エゾマツ，トドマツ
(2)(丘陵帯)③　(山地帯)④
(亜高山帯)⑤　(高山帯)なし

> 🔍**解説** (2)丘陵帯＝照葉樹林，山地帯＝夏緑樹林，亜高山帯＝針葉樹林，高山帯は森林限界を超えており，高山植物による草原などが広がる。

第5章 | **生態系とその保全**

㉗ 生態系 *(p.54〜p.55)*

1 ①三次消費者　②二次消費者
③一次消費者　④生産者

> 🔍**解説** 個体数ピラミッドは単位が(個体数÷面積)だが，生物量ピラミッドは(総重量÷面積)である。

> 🔒**重要事項　生態ピラミッド**
> 　ピラミッドの底辺は必ず生産者である。消費者は下から一次消費者，二次消費者，三次消費者といわれる。

2 ①生物的環境　②生産者　③一次消費者
④二次消費者　⑤分解者　⑥食物網

3 (1)① 樹木　②カモシカ　③ニホンオオカミ
④なし　(2)食物連鎖　(3)キーストーン種
(4)カモシカを駆除する。カモシカの天敵となるオオカミを森にはなつ。など

> 🔍**解説** (1)生産者となる植物は樹木しかない。その樹木を食べるのはカモシカなので，カモシカが一次消費者。カモシカを食べるニホンオオカミは二次消費者となる。この文中に分解者は出てこない。
> (3)ニホンオオカミがいないことで，カモシカは大きく増加し，樹木は大きく減少するというように大

きな影響を与えている。
(4)いなくなったニホンオオカミのかわりにカモシカの数を抑えれば，森は維持できる。そのためには人為的にカモシカを駆除する方法や，カモシカの天敵となるオオカミを輸入して森にはなち，カモシカを捕食させるなどの方法が考えられる。

4 (1)① 非生物的環境　② 生物的環境
③作用　④環境形成作用(反作用)
(2)① 1200　② 500

> 🔍**解説** (2)特定の区域内の生物量の年ごとの変動を考えるときに，生産者が光合成によって得た有機物の量(＝総生産量)から生産者の呼吸量を引くと生産者の純生産量が計算できる。ここでは2650(総生産量)−1450(呼吸量)＝1200(純生産量)となる。さらに，純生産量から被食量と枯死量を引くと，生産者の成長量を計算できる。ここでは1200(純生産量)−700(被食量＋枯死量)＝500(成長量)となる。

㉘ 生物多様性とその維持 *(p.56〜p.57)*

1 ①かく乱　②ギャップ　③キーストーン
④間接

> 🔍**解説** ①外部からの力によって生態系に変化がもたらされることをかく乱という。山火事や台風などの自然の現象によるものと，人間活動によって起こるものがある。前者を**自然かく乱**といい，後者を**人為的かく乱**という。
> ②森林が陰樹林になると大きな変化が見られなくなるが(**極相林**)，倒木によって森林内にすき間ができることがある(**ギャップ**)。そこには光が差し込むため，陽樹(陽生植物)も生育できるようになり，樹木の入れかわりが生じる。
> ③食物網の上位にあり，他の生物の個体数に影響を与える生物を**キーストーン種**という。ラッコの数が減少するとラッコに捕食されるウニの数は増加するが，ウニが捕食するジャイアントケルプの数は減少する。

2 ア，エ

> 🔍**解説** イ．生態系にはかく乱を受けてももとの状態に戻ろうとする**復元力**が備わっているが，火山の噴火などの強すぎるかく乱は復元力より大きくなるため，生態系が破壊される恐れがある。
> オ．ギャップでは陰樹，陽樹がともに生息する混交林となる。

カ．かく乱を受けた場合，大きく破壊されずに安定しているのは種多様性が高い生態系である。

3 (1) する　(2) 間接効果

🧑‍🏫**解説** (2) ヒトデが捕食する生物が海藻を捕食していると考えられる。ヒトデのように食物網の上位に位置し他の生物の個体数に影響を与える種をキーストーン種という。

4 (1) ① かく乱　② ギャップ　(2) 種多様性
(3) 環境アセスメント

🧑‍🏫**解説** (2) 生物多様性は，生態系を構成する生物種の多様性（種多様性），同じ生物種の遺伝子の多様性（遺伝的多様性），さまざまな環境やそこでのさまざまな生態系（生態系多様性）の3つの視点で考えることが重要である。
(3) 生物多様性を維持し，生態系を保全するために，規模の大きい開発事業の際は環境への影響を調査，予測，評価する環境アセスメント（環境影響評価）が行われる。

㉙ 生態系のバランスと保全　(p.58〜p.59)

1 ① 上　② 下　③ 酸素　④ 2万

🧑‍🏫**解説** 清水性動物・酸素は汚水が流入することで減少する。汚水が流入するまで微生物の中の藻類が最も多いため，③は光合成でつくられた酸素と考えられる。細菌類・イトミミズは汚水が流入すると増加している。汚水の有機物を栄養源に細菌類は増加する。イトミミズは増加した細菌類を捕食するゾウリムシなどを捕食している。

🎯**ミスポイント　生物濃縮**

　生産者が最も濃度が低く，一次消費者，二次消費者と栄養段階が上がるにつれて濃度は高くなる。水生生物の場合，植物プランクトンが最も濃度が低く，それを捕食する動物プランクトン，甲殻類…の順に濃度が高くなる。

---

2 ① 富栄養化　② アオコ（水の華）　③ 赤潮
④ 化石燃料　⑤ 二酸化炭素

🧑‍🏫**解説** ①〜③自然状態では，植物プランクトンの生育に必要な窒素，リン，カリウムが不足しがちである。ところが，生活排水はこれらの栄養分を豊富に含んでいる。その結果，植物プランクトンが異常発生し，水面が植物プランクトンの色で染まる。水面の植物プランクトンが光を遮ってしまうと，水

中での光合成量が減り溶存酸素が減るため，養殖場のいけすの魚が大量死することがある。また，植物プランクトンの中には毒素を貯めるものもいるので，魚が中毒死することもある。

3 (1) ブルーギル，オオクチバス，ヌートリアなど　(2) 絶滅危惧，レッドデータブック

🧑‍🏫**解説** (1) ブルーギル，オオクチバスは食料として，もしくはスポーツフィッシングのために放流された。ともに北アメリカ原産で，食欲旺盛で在来種やその稚魚を捕食し絶滅に追いやる危険がある。ヌートリアは毛皮をとるためにもち込まれたネズミの仲間で南アメリカ原産。
(2) 絶滅の原因は外来生物よりも人間活動による場合が多い。すでに絶滅したニホンオオカミの場合，西洋のイヌからもち込まれた病原菌と人為的な駆除などが原因と考えられている。

4 13, 14, 15

🧑‍🏫**解説** SDGsとは，2019年の国連サミットで採択された，2030年までの「持続可能な開発目標（SDGs：Sustainable Development Goals）」である。
　人間が生態系から受けているさまざまな恩恵（生態系サービス）を今後も受け続けるためには，このように環境保全に対する取り組みを行うことが重要である。

5 (1) ウ　(2) ① 自然浄化　② 富栄養化　(3) ウ

🧑‍🏫**解説** (1) ア．セイタカアワダチソウは北アメリカ原産のキク科の植物で，花粉症の原因となる。
イ．セイヨウタンポポはヨーロッパ原産のタンポポで，在来種のタンポポとの交雑が起こり，遺伝子かく乱が心配される。
ウ．キタキツネは北海道に生息する固有種である。
エ．ブタクサは北アメリカ原産のキク科の植物で，花粉症の原因となる。
オ．ヒメジョオンは北アメリカ原産のキク科の植物である。
カ．アメリカシロヒトリは北アメリカ原産のガである。
(3) 人間活動で排出される二酸化炭素やメタンガスは温暖化の原因であるが，毒性は高くはない。

1 (1)① ・②―対物・接眼(順不同)
③ フック　④ シュライデン　⑤ シュワン
⑥ 核　(2)細胞壁(の残骸)。
(3)細胞は，生物の構造や機能の基本となる最
小単位である。

解説 (2)コルクは核や細胞質基質が消失し，細
胞壁が残ったものである。

2 (1)① 核　② 相同染色体
③ (頂端)分裂組織　(2)解離
(3)余った染色液を除き，重なった細胞を一層
にして観察しやすくする。

解説 (1)③ 植物の茎の先端部や根の先端部には，
活発に体細胞分裂を行う分裂組織がある。
(2)加熱した塩酸の効果で細胞壁間の結合を弱め，
細胞を離れやすくするので，解離。
(3)顕微鏡観察をする際には，細胞が重なっている
と観察が難しいので，一層にする。カバーガラスか
ら漏れ出た染色液はろ紙に吸わせる。

3 (1)① 視床下部(間脳)　② アドレナリン
③ すい臓　④ グルカゴン　⑤ インスリン
⑥ 細尿管(腎細管)　⑦ 糖尿病　⑧ 生活習慣病
(2)糖質コルチコイド，成長ホルモン，チロキ
シンなど

解説 (1)⑦ 糖尿病には主にランゲルハンス島B
細胞が破壊されることによりインスリンが分泌され
なくなるⅠ型と，インスリンの分泌量の減少やイン
スリンの標的細胞の反応性の低下によって起こるⅡ
型がある。

4 (1)① 陰樹林　② 陽樹林　③ 草原　④ 砂漠
(2)B. 針葉樹林　D. 照葉樹林
E. 熱帯多雨林・亜熱帯多雨林　I. サバンナ
(3)① E　② B　③ G　④ C　⑤ D　⑥ F

解説 (3)① 最も多様なバイオームといえば熱帯
多雨林。
② 北半球のみに分布するのは針葉樹林。
③ 雨季に成長するゆえに雨緑樹林。
④ 夏季に成長するゆえに夏緑樹林。
⑤・⑥ ほぼ同じ表現だが，大陸の東と西で異なる。
つまり同じような気候のバイオームである照葉樹林
と硬葉樹林をさす。照葉樹林はユーラシア大陸の東
側に，硬葉樹林はユーラシア大陸の西側に生育する。

1 (1)細胞小器官
(2)① 核：遺伝子の本体であるDNAを含む。
② ミトコンドリア：呼吸に関与する。
(3)a. 外膜　b. 内膜
c. マトリックス　d. クリステ
(4)$C_6H_{12}O_6 + 6H_2O + 6O_2 \longrightarrow 12H_2O + 6CO_2$

解説 (2)② ミトコンドリアは，呼吸によって有
機物を分解し，エネルギーをとり出すはたらきを
行っている。

2 (1)a. 脳下垂体　b. ランゲルハンス島
c. 肝臓　d. 副交感神経　e. 交感神経
f. 副腎皮質刺激ホルモン　g. インスリン
h. グルカゴン　i. アドレナリン
j. 糖質コルチコイド　k. グルコース
l. タンパク質　(2)イ　(3)ア
(4)自律神経系　(5)フィードバック

3 (1)① 水平分布　② 垂直分布　③ 森林限界
(2)A. ウ，サ　B. イ，ク　C. ア，エ，カ

解説 オ. キバナシャクナゲは高山植物。
キ. メヒルギは熱帯地方のマングローブ(淡水と海
水が混じる汽水域に生息する群系)を形成する樹木。
ケ. オリーブは硬葉樹。
コ. チークは雨緑樹林を形成する落葉高木。
シ. ゲッケイジュは硬葉樹。

4 (1)① 無機物　② 有機物
(2)① 草，樹木　② 植物プランクトン
③ タカ，ワシ
④ 菌類，細菌類
(3)生物濃縮
(4)環境ホルモン(内分泌かく乱物質)

解説 (2)① 陸上で光合成するものは草・樹木。
② 海水中で光合成するものは植物プランクトン。
③ 最も高次な消費者は大型動物食性動物なのでタ
カ・ワシ。
(4)環境ホルモン(内分泌かく乱物質)の恐ろしいと
ころは生物の本来もっているホルモンのかわりに不
必要にはたらいたり，ホルモンのはたらきを阻害し
たりすることにある。